水产养殖学专业实践教学系列用书

鱼类增养殖学实验实习指导

程汉良　许建和　编著

海洋出版社

2016年·北京

图书在版编目（CIP）数据

鱼类增养殖学实验实习指导/程汉良，许建和编著. —北京：海洋出版社，2016.1
ISBN 978 - 7 - 5027 - 9296 - 1

Ⅰ.①鱼…　Ⅱ.①程…②许…　Ⅲ.①鱼类养殖 - 实验 - 高等学校 - 教学参考资料
Ⅳ.①S961 - 33

中国版本图书馆 CIP 数据核字（2015）第 283791 号

责任编辑：杨　明
责任印制：赵麟苏
海洋出版社　**出版发行**
http：//www.oceanpress.com.cn
北京市海淀区大慧寺路 8 号　邮编：100081
北京朝阳印刷厂有限责任公司印刷　　新华书店发行所经销
2016 年 1 月第 1 版　2016 年 1 月北京第 1 次印刷
开本：787mm×1092mm　1/16　印张：12.5
字数：286 千字　定价：28.00 元
发行部：62132549　邮购部：68038093　总编室：62114335

前　言

鱼类增养殖学是水产养殖学专业重要的专业课之一，除要求学生掌握有关鱼类增养殖的基本理论外，还要求学生熟悉各种基本操作技术。本实验教材涉及几个与生产有关的实验，有很高的生产价值。

学生在每次实验完成之后，要提交实验报告一份，并对显微镜下观察物予以绘图，实物观察也要有草图加以说明。

鱼类增养殖生产实习是本课程的一部分，其主要内容是：通过参加生产实践和科学实验，学习并掌握主要养殖鱼类的人工繁殖、鱼苗鱼种培育和活鱼运输等生产技术和基本知识，调查了解成鱼饲养的生产技术，初步掌握商品鱼大面积高产、稳产的关键技术，同时与水生生物学、水环境化学等课程相配合，进行与鱼类增养殖有关的科学实验，训练学生进行科学实验的技能，培养分析和解决问题的能力。

实习结束时，每位同学需写出一份实习报告，并评定成绩。

鉴于编者水平有限，时间仓促，书中难免有不妥和遗漏之处，恳请读者批评指正。

编　者

2015 年 10 月

目　　录

第一部分　实验指导

第二部分　生产实习指导

第三部分　相关国家标准

第四部分　附　录

第一部分　实验指导

实验一　鲢、鳙鱼滤食器官的解剖与观察

一、目的

通过解剖观察鲢、鳙鱼滤食器官的形态结构，了解其滤食机能。

二、用具

解剖刀、解剖剪、钟表镊子、解剖针、直尺、培养皿、载玻片、解剖镜、测微尺、描绘器、4% NaOH 溶液、茜素、擦镜纸。

三、实验材料

饱和食盐水浸制的鲢、鳙鱼头部和4% NaOH 浸制的鲢、鳙鱼鳃耙。

四、观察方法和内容

取鲢、鳙鱼头部，用骨剪和解剖刀去掉两侧鳃盖等诸骨，然后按腭褶、鳃耙、鳃耙管的顺序进行解剖观察。

（一）鳃弧骨

观察鲢、鳙鳃弧骨标本，这两种鱼有4对典型的鳃弧骨。每一鳃弧骨由咽鳃骨、上鳃骨、角鳃骨、下鳃骨和不成对的基鳃骨组成。

如果时间来得及，每人在解剖观察腭褶、鳃耙和鳃耙管的形态结构之后，仔细去掉鳃弧骨上的鳃耙、鳃丝及其结缔肌肉组织，即成完全的鳃弧骨标本。

（二）腭褶

鲢、鳙鱼头部两侧的鳃盖骨去掉后，鳃弧和腭褶等都露出来，这时用手把鳃弧同脑颅上下分开（必要时在鳃骨同角鳃骨连接处剪断）。便可看清腭褶的形态、数目以及与鳃耙的关系。

腭褶在口咽区的背壁，由黏膜形成9个纵嵴，每侧4个，中央1个。各腭褶愈近中央愈短，中央的一个最短，呈“人”字形，分叉的一端向后。两腭褶的间距，前端狭于后端。腭褶的侧面观呈新月形，横断面为楔形。每个腭褶适嵌于相应的鳃弧上的两列鳃耙的间隙——鳃耙沟中，中央的一个“人”形腭褶则嵌于中央的凹处。各腭褶间的沟（腭褶沟）前后纵行，左右相对应成“八”字型。每个腭褶沟适夹着两相邻鳃弧的内外鳃耙的尖端。

（三）鳃耙

（1）位置：每一鳃弧上有两列鳃耙，位于鳃弧的背面，由角鳃骨的前端至咽鳃骨的末

端，鳃弧外侧的称外列鳃耙，内侧的称内列鳃耙。

（2）鳃耙沟：每一鳃弧骨上两列鳃耙间的空隙称鳃耙沟。

（3）长度：鳃耙的长度由第一鳃弧至第五鳃弧逐渐缩短；同一鳃弧上的外鳃耙比内鳃耙长；每列鳃耙的中部最长，前后两端较短；用直尺测量鲢、鳙第一鳃弧中段的最长鳃耙和鳃丝。并求出两者的比值。

（4）形状：从每个鳃弧中段取一片5 mm鳃耙，用4% NaOH溶液浸制12～24 h，洗净后放载玻片上在解剖镜下进行观察（侧突起和鲢鳃耙的细微结构需在显微镜下观察）。每个鳃耙由基、杆两部分构成，杆部呈刀形，背缘厚（向鳃耙沟的一面，两侧有突起一列，腹缘薄，观察鳃耙形态之后，用测微尺测量突起的间距）。

（5）类型：分宽、窄两种类型，宽鳃耙杆部宽大，数目比窄鳃耙少；窄鳃耙的杆部比宽鳃耙狭，数量多，第一鳃弧的中段的每4～11个窄鳃耙，有一个宽鳃耙。

（6）鳃耙网：鲢鱼的鳃耙间有一特殊的网状结构，称鳃耙网，分内外两种，外鳃耙网是在鳃耙刃部的一种连接，把宽鳃耙连在一起，又称宽鳃耙网或筛膜。内鳃耙网是在外鳃耙网的里面，把窄鳃耙刃部连在一起，又称窄鳃耙网。这种横连接比外鳃耙网细，其内特有薄骨片（经4% NaOH处理后，用针剥离在镜下可以看到）。内鳃耙网之间也以结缔组织连接起来。

（四）鳃耙管

鳃耙管埋在头盖骨耳囊区的软腭组织中，用解剖刀把软腭去掉便可以看见它。鳃耙管是由第1～4对鳃弧的咽鳃骨、上鳃骨的后段、腭褶的卷入部分和鳃耙等构成，上鳃骨的后端和咽鳃骨构成不合拢的环形是鳃耙管的骨架，其与伸展在相对应位置的腭褶共同构成末端封闭的管，上鳃骨和咽鳃骨上生着鳃耙，鳃耙的顶端游离向管壁。鳃耙管共8个，每侧4个相互对称排列。

当观察完鳃耙管外形后，用剪刀剪开管壁，从鳃耙管中取出鳃耙，在解剖镜和显微镜下观察其形状，并测量耙间距。

（五）比较鲢、鳙鱼滤食器官的异同

两者滤食器官的主要不同点表现在鳃耙的形态结构上，具体不同点如下：① 鳙的鳃耙杆部的刃光滑，背部比鲢的厚，鲢的宽鳃耙杆部有小孔，窄鳃耙杆部的刃缘有小齿状突起。② 鳙鱼的鳃耙背部的侧突起数较鲢鱼少。③ 鲢鱼有鳃耙网，鳙鱼则没有。

鲢、鳙鱼的食性不同，不是因为它们有主动选择食物的能力，而是由于二者滤食器官的结构不同的缘故。鳙鱼的鳃耙间距及其侧突起间距为59～92 μm和33～53 μm，又没有鳃耙网。因此，体积小于59～92 μm×33～53 μm的浮游植物随水通过鳃耙间隙。被滤积在鳃耙沟中食物的体积都是较大的浮游植物和浮游动物，所以鳙鱼吃的多半是浮游动物。鲢鱼的鳃耙间距及侧突起间距较小，分别为33～56 μm和11～19 μm，而且还有鳃耙网。因为大多数的浮游植物和浮游动物的体积大于33～56 μm×11～19 μm，所以它们通过鲢鱼的滤食器官时被滤积起来。但是，鲢滤食食物的速度较慢，活动能力较强的浮游动物逆水流从口腔中逃跑，加上自然水体中浮游植物多于浮游动物，因此，鲢鱼吃的主要是浮游植物。

（六）滤食机能

鲢、鳙鱼滤食器官的结构显然与其浮游生物的食性相统一。但食物是怎样进入食道的呢？目前还不是很清楚，仅根据我们的观察和其他学者的意见，现归纳如下。

如上所述，鲢、鳙鱼的每个鳃弧上有内、外两列鳃耙，像筢箕一样，在生活时，内外两列鳃耙张开和合拢，张开时，内外鳃耙分别与相邻鳃弧的外内列鳃耙相接，形成左右共9只三角形滤袋——鳃耙沟。同水一起进入口腔中的食物经过这些滤袋，一定大小的浮游生物和泥沙都留在鳃耙沟里，而水和比较小的浮游生物则穿过鳃耙间隙和鳃耙网流到鳃腔中，最后排出体外。留在鳃耙沟中的食物，借腭褶的蠕动沿鳃耙沟向后方移动。同时，鳃耙管的肌肉收缩像唧筒一样把水流从管内压出，不时冲洗鳃耙，以免被食物阻塞，而保持水流正常通过。当食物被送到背方的腭褶变低处时，便被鳃耙管喷出的水聚集一处，进入咽底，最后送入食道。

五、作业

1. 绘鲢、鳙鱼的一段鳃弧的外列鳃耙和鳙的宽窄鳃耙。
2. 把测量的鲢、鳙鱼的耙间距及测突起间距整理记录在报告纸上。
3. 试述滤食全过程。
4. 比较鲢、鳙鱼滤食器官的异同。

实验二　鲤、鲫鱼的人工繁殖

一、目的要求

通过鲤、鲫鱼的人工繁殖，了解鱼类人工催产的基本操作规程，认识效应时间与激素种类、水温的关系，从而掌握鱼类人工催产的关键技术。

二、实验材料和药品

鲫鱼雌鱼 12 尾，鲤鱼雄鱼 6 尾。

HCG：2 000 IU/瓶；LRH－A_2：25 μg/瓶。

三、实验内容

（一）催产时间

每年 4 月 5—15 日。

（二）亲鱼的选择

（1）鲫雌亲鱼的选择：挑选腹部膨大，有明显的卵巢轮廓，下腹部松软有弹性的鲫鱼为母本，体重约 0.5 kg/尾。

（2）鲤雄亲鱼的选择：要求鳃盖、胸鳍内侧有明显的珠星，手摸粗糙，轻压后腹部生殖孔有乳白色的精液流出，遇水后散开。

（3）雌雄比例：2∶1。

（4）鲤、鲫鱼的雌雄鉴别：雌鱼腹部柔软，泄殖孔红润，松弛而凸出。雄鱼轻压腹部有精液流出，泄殖孔略内凹而狭小、不红润，胸鳍、腹鳍、鳃盖上有珠星，手摸有粗糙感。

（三）催产剂的选择

LRH－A_2 和 HCG。

（四）催产方法和剂量

（1）雌鱼：二次注射

第一次注射：上午 9—10 时，剂量 HCG＋LRH－A_2＝（100 IU＋1 μg）/kg；

第二次注射：晚 8 时，剂量 HCG＋LRH－A_2＝（1 500 IU＋10 μg）/kg。

（2）雄鱼：一次注射，与雌鱼第二针一起注射，剂量为雌鱼第二针的一半。

（3）注射部位：胸鳍基部。

（五）注射液的配制

1. 配药要求

（1）雌鲫鱼共12尾，每尾按0.5 kg计算，每尾鱼注射约1 mL，待鱼体称重后按实际重量换算注射体积。

（2）雄鲤鱼共6尾，每尾按1.5 kg计算，每尾鱼注射2 mL，待鱼体称重后按实际重量换算注射体积。

2. 第一针配药

（1）计算HCG用量及浓度：① 用药量：100 IU/kg × 0.5 kg/尾 × 12 尾 = 600 IU；② 浓度：100 IU/kg × 0.5 kg/尾 ÷ 1 mL/尾 = 50 IU/mL。

（2）计算LRH－A_2用量及浓度：① 用药量：1 μg/kg × 0.5 kg/尾 × 12 尾 = 6 μg；② 浓度：1 μg/kg × 0.5 kg/尾 ÷ 1 mL/尾 = 0.5 μg/mL。

（3）配药：取2 000 IU/瓶的HCG 1瓶，溶于40 mL生理盐水中，终浓度为50 IU/mL。在此溶液中再加25 μg/瓶的LRH－A_2 1瓶，则LRH－A_2的终浓度为6.25 μg/mL。

（4）注射：注射前鲫鱼先称重、编号，如果重量为0.5 kg/尾，则取上述注射液1 mL胸鳍基部注射；如果重量为0.6 kg/尾，则取1.2 mL；如果重量为0.4 kg/尾，则取0.8 mL，依此类推。

3. 第二针配药

（1）计算HCG用量及浓度：① 用药量1 500 IU/kg × 0.5 kg/尾 × 12 尾 + 750 IU/kg × 1.5 kg/尾 × 6 = 15 750 IU，另加备用量2 250 IU，共需HCG 18 000 IU；② 浓度：1 500 IU/kg × 0.5 kg/尾 ÷ 1 mL/尾 = 750 IU/mL。

（2）计算LRH－A_2用量及浓度：① 用药量10 μg/kg × 0.5 kg/尾 × 12 + 5 μg/kg × 1.5 kg/尾 × 6 = 105 μg，另加备用量20 μg，共需LRH－A_2 125 μg；② 浓度：10 μg/kg × 0.5 kg/尾 ÷ 1 mL/尾 = 5 μg/mL。

（3）配药：取2 000 IU/瓶的HCG 9瓶，溶于24 mL生理盐水中，终浓度为750 IU/mL。在此溶液中再加25 μg/瓶的LRH－A_2 5瓶，则LRH－A_2的终浓度为5.2 μg/mL。

（4）注射：雌鲫鱼如果重量为0.5 kg/尾，则取上述注射液1 mL胸鳍基部注射，如果重量为0.6 kg/尾，则取1.2 mL，依此类推。雄鲤鱼如果重量为1.5 kg/尾，则取上述注射液1.5 mL胸鳍基部注射。

4. 其他配药方法

根据HCG最小包装2 000 IU/瓶，LRH－A_2最小包装25 μg/瓶。同学们也可以尝试其他配药方法，要求每鱼注射体积为1～2 mL。

（六）产卵和受精

（1）效应时间：在水温20℃时，预计效应时间为10～11 h。

（2）人工授精：根据效应时间，及时将雌鱼捕出，检查。如轻压腹部卵子自动流出，则将卵子挤入干燥、洁净的器皿中，立即挤入精液，用羽毛轻轻搅拌2 min，使之结合受精。

（3）将受精卵倒入水中的人工鱼巢上。

四、作业

1. 试述鲤、鲫鱼人工繁殖的技术要点。
2. 如何鉴别鲤鱼的雌雄？

实验三　鲤、鲫鱼受精卵孵化及胚胎发育观察

一、目的要求

通过观察鲤、鲫鱼受精卵胚胎发育的全过程，了解鱼类胚胎发育的规律，掌握受精卵人工孵化的技术要点。

二、材料、设备

鲫♀×鲤♂受精卵、显微镜、体视镜。

三、实验内容

用体视镜观察1细胞期至出膜期的胚胎，辨别各期胚胎的主要特征，并记录发育水温和时间。

表1　鱼类胚胎发育记录表

序号	发育分期	特征	水温/℃	发育至此期的时间/min	备注
1	1细胞期	原生质集中于卵球的动物极形成幅状胚盘			绘图1
2	2细胞期				绘图2
3	4细胞期				绘图3
4	8细胞期				绘图4
5	16细胞期				绘图5
6	32细胞期				
7	多细胞期				
8	囊胚早期				计算受精率
9	囊胚中期				绘图6
10	囊胚晚期				
11	原肠早期				
12	原肠中期				再次计算受精率，绘图7
13	原肠晚期				
14	神经胚期				
15	胚孔封闭期				绘图8
16	体节出现期				

续表

序号	发育分期	特征	水温/℃	发育至此期的时间/min	备注
17	眼基出现期				
18	眼囊期				
19	尾芽期				
20	晶体出现期				绘图 9
21	肌肉效应期				
22	耳石期				绘图 10
23	心跳期				
24	眼色素出现期				
25	体色出现期				
26	出膜期				计算出膜率
27	鳔充气				计算出苗率

四、作业

1. 计算受精率：取 5 次平均，每次取卵约 100 粒。比较高囊胚期和原肠中期的受精率差异是否显著，你认为高囊胚期计算受精率是否可行？并说明理由。

2. 计算出膜率、下塘率。

3. 列表说明胚胎发育到上述各个时期的主要特征，并记录水温和时间。

实验四　鱼用催产剂的配制、注射方法及鱼类精子形态与活动状态的观察

一、目的要求

通过催产剂的配制，了解鱼用催产激素的种类、规格及用量；通过催产剂的注射，掌握鱼类人工催产的技术要点；通过对活动精子的头、尾形态和运动状态的观察，了解鱼类精子的基本形态及其在水中的运动状态。

二、材料、设备

鲤鱼雌鱼、雄鱼各10尾。HCG：5 000 IU/瓶；LRH－A_2：25μg/瓶。生理盐水1瓶。显微镜、载玻片、盖玻片、5 mL注射器、100 mL烧杯、滴管、电子称等。

三、实验内容

（一）催产剂的配制

1. 配药要求

按一次注射配药，雌、雄鱼各10尾，每尾体重按1.5 kg计算，雌鱼剂量为：HCG＋LRH－A_2＝（1 000 IU＋10 μg）/kg；雄鱼减半。每尾鱼注射约2 mL，待鱼体称重后按实际重量换算注射体积。

2. 计算用药量

（1）HCG用量：（1 000＋500）IU/kg×1.5 kg/尾×10尾＝22 500 IU，另加10%备用，共需要25 000 IU。

（2）LRH－A用量：（10＋5）μg/kg×1.5 kg/尾×10尾＝225 μg，另加10%备用，共需要250 μg。

3. 计算用药浓度

（1）HCG浓度：1 000 IU/kg×1.5 kg/尾÷2 mL/尾＝750 IU/mL。

（2）LRH－A浓度：10 μg/kg×1.5 kg/尾÷2 mL/尾＝7.5 μg/mL。

4. 配药

先取5 000 IU/瓶的HCG 5瓶，溶于34 mL（25 000 IU÷750 IU/mL≈34 mL）生理盐水中，终浓度为750 IU/mL。在此溶液中再加25 μg/瓶的LRH－A_2 10瓶，则LRH－A的终浓度为7.5 μg/mL。

5. 注射器准备

注射前鲤亲鱼先称重、编号。

如果重量为1.5 kg/尾雌鱼，则取上述注射液2 mL；如果重量为1.5 kg/尾的雄鱼，则取1 mL；如果重量为2.0 kg/尾的雌鱼，则取2.7 mL，依此类推。

6. 其他配药方法

根据HCG最小包装5 000 IU/瓶，LRH－A_2最小包装25 μg/瓶。同学们也可以尝试其他配药方法，要求每条鱼注射量约为2 mL。

（二）催产剂的注射

（1）体腔注射：使鱼侧卧水中，在胸鳍基部或腹鳍基部无鳞处，将针头朝鱼体前方与鱼体表面成45°～60°刺入体腔1.5～2.0 cm，注入药液。

（2）肌肉注射：在背鳍和侧线之间的部位，用针挑起一片鳞片，并沿着鱼鳞的方向向前刺入肌肉，徐徐注入药液。

（三）鱼类精子形态与活动状态的观察

轻压雄鱼腹部挤出乳白色精液，取少量分别放到两块载玻片上，然后盖上盖玻片。

（1）取1片载玻片在显微镜下（高倍）观察精子形态，然后加1滴生理盐水，并开始计时。在显微镜下观察，可见视野里出现运动着的精子，精子尾部有规律的摆动，精子头亮度较大，被推动向前移动；一定时间后，精子尾部不再摆动，精子发生运动停止。计算精子在生理盐水中持续运动时间（单位：s）；

（2）取另一片载玻片在显微镜下（高倍）观察精子形态，然后加1滴纯水，并开始计时。计算精子在纯水中持续运动时间（单位：s）。用目镜测微尺测量精子头部长度、宽度及尾部长度（单位：μm），要求测10个取平均值。

四、作业

1. 试述催产剂体腔注射和肌肉注射的优缺点。

2. 四大家鱼人工催产常用催产剂的种类有哪些？这些催产剂单独使用时的剂量是多少？

3. 画出鱼类精子的基本形态结构，并记录精子在生理盐水和纯水中的持续运动时间。记录精子头部长度、宽度及尾部长度（单位：μm），要求测10个取平均值。

实验五　几种主要养殖鱼类的繁殖习性

一、目的要求

通过对几种主要养殖鱼类繁殖生物学观察，了解鱼类雌雄鉴别方法；性成熟系数的计算方法；怀卵量的计算方法。掌握鲤鱼脑垂体的摘取技术。

二、实验材料和药品

鲤鱼雌雄鱼各 10 尾。草鱼、鲢鱼、鳙鱼雌雄鱼各 2 尾。解剖刀、解剖剪、培养皿、载玻片、显微镜、解剖镜、测微尺、擦镜纸、电子称、称量纸、切菜刀等。

三、实验内容

（一）鲤鱼的雌雄鉴别

生殖季节鉴别鱼类雌雄主要依据第二性征（副性征），也看腹部和生殖孔。一般来说繁殖季节雌鱼的腹部明显膨大，生殖孔红肿、外凸，而雄鱼腹部则很扁，但轻压腹部能挤出精液。但非生殖季节鉴别鱼类雌雄还必须依靠其他特征。

1. 鲤鱼的雌雄鉴别

表 1　鲤鱼雌、雄特征的比较

季节	性别	体形	腹部	珠星	泄殖孔肛门
非生殖季节	♀	背高、体宽、头相对小、个体大	较大而宽	无	肛门略凸、周围有纵褶
	♂	体狭长、头大、个体小	狭小较硬	无	肛门内凹、纵褶不明显
生殖季节	♀	背高、体宽、头相对小、个体大	成熟时柔软	没有或只有少量	红润、松弛而凸出
	♂	体狭长、头大、个体小	轻压腹部有精液流出	胸鳍、腹鳍、鳃盖有珠星，手摸有粗糙感	略内凹而狭小、不红润

2. 其他鱼类的雌雄鉴别

表2 家鱼雌、雄特征的比较

鱼类	生殖季节		非生殖季节	
	♂	♀	♂	♀
草鱼	胸鳍内侧有排列很密的“珠星”，手摸粗糙轻压腹部有精液流出	无珠星，手摸光滑，无精液流出	胸鳍狭长，其长度超过胸鳍基部到腹鳍基部间距的1/2，腹部鳞片小而尖排列紧密	胸鳍略宽而短，小于1/2，腹部鳞片大而圆，排列疏松
鲢鱼	胸鳍前面几根鳍条上有骨质的锯齿状突起，用手摸很粗糙，轻压腹部有精液流出	鳍条光滑，仅鳍条末稍有少数锯齿状突起，无精液流出	同生殖期	同生殖期
鳙鱼	胸鳍的内侧有骨质的刃状突起，用手摸时有割水感觉，轻压腹部有精液流出	手摸胸鳍光滑，挤压腹部无精液流出	同生殖期	同生殖期

（二）鲤鱼性成熟系数的计算

（1）取鲤鱼雌、雄各1尾，分别称量其体重并记录。

（2）解剖，取出完整的卵巢和精巢，称重并记录。

（3）计算性成熟系数：

$$性成熟系数 = \frac{性腺重}{体重} \times 100\%$$

（三）怀卵量的估算

（1）称取鲤鱼卵巢约2 g，放入培养皿中。

（2）统计卵粒数：卵粒的数量以3、4、5时相的卵母细胞计算。必要时可用显微镜观察。同时在显微镜下用目镜测微尺测量卵的直径（单位：μm），要求测10个卵粒取平均值。

（3）绝对怀卵量：根据卵巢总重量和抽样重量换算每尾鱼怀卵总量（卵粒数/尾）。

$$绝对怀卵量 = 样本卵粒数 \times \frac{卵巢重（g）}{样本重量（g）}（粒/尾）$$

（4）相对怀卵量：即单位体重怀卵量（卵粒数/kg 或 g）。根据绝对怀卵量和雌鱼体重换算相对怀卵量。

$$相对怀卵量 = \frac{绝对怀卵量（粒/尾）}{鱼体重（kg）}（粒/kg 体重）$$

（四）鲤鱼脑垂体的摘取

鲤鱼的脑垂体位于间脑的腹面，蝶骨的脑垂体窝上，有垂体柄与下丘脑相连。脑垂体类似一个鸡心状的腺体，大小像绿豆，切面可分为神经垂体和腺垂体，腺垂体又分为前叶、间叶和后叶。

（1）沿鳃盖顶端至眼上方将鲤鱼脑切开。

（2）剥离大脑，露出垂体窝。

（3）用镊子取出垂体，观察垂体形状、大小并称重（mg）。

四、作业

1. 计算鲤鱼雌、雄鱼的性成熟系数。

2. 计算鲤鱼的绝对怀卵量和相对怀卵量。记录鲤鱼卵的直径（单位：μm），要求测10个卵粒取平均值。

3. 试述鲤鱼、草鱼、鲢鱼和鳙鱼的雌雄鉴别方法。

4. 试述鲤鱼脑垂体的摘取方法（附图），记录垂体的重量（mg）。

第二部分　生产实习指导

《鱼类增养殖学》生产实习是本课程的重要组成部分，通过生产实习，要求学生把所学的鱼类增养殖理论知识应用于生产实践，并要求学生掌握如下基本技能：

（1）主要养殖鱼类的人工繁殖技术；

（2）鱼苗、鱼种的运输技术；

（3）鱼苗、鱼种的培育技术；

（4）商品鱼的养殖技术。

除此之外，还要求学生对鱼类的越冬、鱼苗、鱼种质量鉴别等基本技能有一定的了解。

第一章　主要养殖鱼类的人工繁殖

鱼类人工繁殖是指在人为控制条件下，促使养殖鱼类产卵、孵化并获得鱼苗的生产过程。

第一节　我国四大家鱼人工繁殖的发展概况

在四大家鱼人工繁殖成功之前（1958 年前），我国池塘养鱼所需的四大家鱼鱼苗都是从江河里捕捞的，由于江河里的鱼苗受自然的影响很大，数量不能保证，同时加上运输等环节提高了成本，从而限制了池塘养鱼的发展，家鱼人工繁殖的成功克服了这些缺点。

1958—1959 年中科院进行了鱼类性腺发育的调查，结果表明：池塘、水库、湖泊里生长的四大家鱼，在合理饲养的情况下，达性成熟年龄的家鱼性腺能发育"成熟"，但成熟有两层含义。

（1）生长成熟：雌鱼卵巢达Ⅳ期末即为生长成熟，此时在江河里如果综合生态条件满足（溶氧、水温、水位上涨等）即可产卵，但静水不能满足这些条件，因此静水中的四大家鱼性腺虽然成熟但不能自然产卵。其生物学意义是：已经达到了催产水平，即此时进行人工繁殖，是可以获得成功的。

（2）生理成熟：卵细胞在激素的作用下，进行第一次成熟分裂后，达到第二次成熟分裂中期等待受精即为生理成熟。其生物学意义是：此时已具备受精能力。

1958 年春，中国水产科学研究院南海水产研究所首次采用鲤鱼脑垂体（PG）加流水促使池养鲢鱼产卵成功。同年秋，浙江水产研究所在水生生物研究所、上海水产大学、杭州大学等单位协助下采用人体绒毛膜促性腺激素（HCG）促使池塘养殖的鲢鱼产卵成功，开始了家鱼人工繁殖的新时代。

1959 年以后此技术在全国范围内普遍推广，人工繁殖鱼苗的数量不断提高，证明了其强大的生命力，现在我国养殖的四大家鱼鱼苗已全部由人工繁殖获得。

1974 年和 1975 年采用促黄体生成素释放素（LRH）和促黄体生成素释放素的类似物（LRH－A）促使池养家鱼产卵获得成功。这种激素由人工合成，效率高，从而扩大了使用规模和催产量。

第二节　鱼类的性腺发育

一、卵巢发育分期

根据形态学和组织学特点，可以将鱼类卵巢分为 6 期，各期标准见表 1－1。

表 1-1 卵巢发育分期

分期	外观（形态学）	组织学	备注
Ⅰ	1. 细线状，半透明，灰白色 2. 肉眼不能分辨出雌、雄	第1时相卵细胞，即卵原细胞比例最大	存在于未成熟的幼鱼，性成熟后不存在此期
Ⅱ	1. 扁平带状，呈粉白色 2. 肉眼不能分辨卵粒，宽 1 cm	小生长期的初期卵母细胞即第2期时相占大部分	此期持续时间长，性成熟亲鱼产卵后卵巢都返回到第Ⅱ期，重新开始下一个周期的发育
Ⅲ	1. 卵巢增厚，宽2 cm 2. 卵巢膜出现黑色素呈青灰色 3. 肉眼可见卵粒	初级卵母细胞进入大生长期，卵黄开始积累，即以第3时相为主	持续时间2~3月，鲤、鲫秋季可达此期，草、鲢冬季基本停留此期，只有成熟鱼才能发育到这一期：营养不良时退到第Ⅱ期
Ⅳ	1. 体积增大，占腹腔2/3 2. 结缔组织，血管发达 3. 卵粒大而饱满	初级卵母细胞进入大生产期的卵黄充塞期，即第4时相卵细胞比例最大	鲤、鲫鱼冬季可达此期，草、鲢等第二年春夏季到达此期，第Ⅳ期卵巢又分为初、中、末三期，只有卵巢发育到第Ⅳ期中—末期卵粒极化时进行人工催情才能获得成功，当卵巢发育到末期时7~15 d如条件不具备不能排卵时，卵巢要发生退化返回第Ⅱ期（掌握催产时机）
Ⅴ	1. 能挤出卵粒 2. 卵巢膜血管膨胀	次级卵母细胞，即第5时相卵细胞比例最大	此时卵可能接受精子，持续时间相当短（2 h）
Ⅵ	1. 产卵后的卵巢 2. 卵巢中可见空的老细胞	少量的1、2、3、4时相卵细胞	除第1时相外，2、3、4时相卵细胞都要被吸收，此期为向第Ⅱ期的过渡期

二、性周期

性周期是指达性成熟年龄的亲鱼性腺发育随季节变化而发生规律性变化的现象。只有达性成熟年龄的家鱼才有周期变化。四大家鱼的性腺一年成熟一次，一年为一个周期。表现为性腺重量、生殖细胞结构随季节变动。

（一）卵巢发育的周期变化

四大家鱼在性成熟之前，卵巢只发育到第Ⅱ期，没有周期性变化。达到性成熟之后，冬季卵巢可由第Ⅱ期发育到第Ⅲ期，开春后即发育到第Ⅳ期中期，5—6月（不同地区时间不同，南方早，北方晚）可发育到第Ⅳ期末期接近成熟期，经人工催情后成熟和产卵到达第Ⅴ期，产卵后的卵巢和在池养条件下未经人工催情的卵巢即为第Ⅵ期，之后退化和吸收，由第Ⅵ期恢复到第Ⅱ期（需3~4个月时间），开始下一个周期的发育。

精巢的周期性变化与卵巢相似，但排精后返回第Ⅲ期，这一点与卵巢不同。

（二）性成熟系数的周期性变化（表1-2）

$$性成熟系数 = \frac{性腺重}{体重} \times 100\%$$

表1-2　家鱼性成熟系数周期性变化规律

雌雄	春		夏		秋		冬	
	性腺分期	成熟系数/%	性腺分期	成熟系数/%	性腺分期	成熟系数/%	性腺分期	成熟系数/%
♀	Ⅲ→Ⅳ	5~10	Ⅳ→Ⅴ	17~20	Ⅵ→Ⅱ	10	Ⅱ→Ⅲ	5~6
♂	Ⅳ	0.2~1.5	Ⅴ	1.6	Ⅵ→Ⅲ	0.6	Ⅲ	0.2~0.4

（三）怀卵量和产卵量

绝对怀卵量：每尾鱼怀卵总量（卵粒数/尾）。

相对怀卵量：单位体重怀卵量（卵粒数/kg或g）。四大家鱼相对怀卵量120~140粒/g（体重）。

卵粒的数量以3、4、5时相的卵母细胞计算。相对怀卵量对家鱼来说一般是固定的。绝对怀卵量随体重的增加而增大，地区差别不大，主要与营养条件有关。

产卵量：可分为相对产卵量和绝对产卵量，一般四大家鱼相对产卵量为5万~10万粒/kg。

第三节　青鱼、草鱼、鲢鱼、鳙鱼亲鱼的培育

亲鱼是指已达到性成熟年龄并能用于人工繁殖的种鱼。

亲鱼培育的过程就是一个创造条件，使亲鱼性腺向成熟方面转化的过程。亲鱼培育是家鱼人工繁殖的基础工作。家鱼的性腺在池养条件下可发育到第Ⅳ期末，这时就可称为“成熟”，并可进行催产，但并不是所有池养的家鱼亲鱼都能发育到第Ⅳ期末，也就是说发育到第Ⅳ期末是有条件的，满足这些条件，就是我们进行亲鱼培育的主要工作，对池养亲鱼来说主要有以下几点。

一、亲鱼的收集

（一）亲鱼的来源

从江、湖、水库、外荡等水体收集的亲鱼，南方可以在秋季用联合渔法捕鱼后，挑选个体大，体质好，肥壮的个体运回池塘进行强化培育，第二年可进行人工繁殖或做后备亲鱼，北方主要来自水库，可以结合冰下大拉网选用一部分好的个体培育成亲鱼。

（二）年龄和体重

家鱼必须达一定的年龄才能生殖，所以要挑选已达性成熟年龄的个体作亲鱼，家鱼性成熟年龄主要与地区有关。南方成熟早，北方晚。就长江流域而言：草鱼5龄，青鱼6~7龄，鲢鱼4龄，鳙鱼5龄可保证成熟（♂雄鱼早一年性成熟）。

（三）雌雄的鉴别

在亲鱼培育和催产时，我们都要鉴别鱼类的性别，以便掌握合适的搭配比例。在鉴别时主要依据第二性征（付性征）来区分，也看腹部和生殖孔。表1-3列出了区别♀、♂

的主要手段。

表1-3　家鱼雌、雄特征的比较

鱼类	生殖季节		非生殖季节	
	♂	♀	♂	♀
草鱼	胸鳍内侧有排列很密的“珠星”，手摸粗糙轻压腹部有精液流出	无珠星，手摸光滑，无精液流出	胸鳍狭长，其长度超过胸鳍基部到腹鳍基部间距的1/2，腹部鳞片小而尖排列紧密	胸鳍略宽而短，小于1/2，腹部鳞片大而圆，排列疏松
鲢鱼	胸鳍前面几根鳍条上有骨质的锯齿状突起，用手摸很粗糙，轻压腹部有精液流出	鳍条光滑，仅鳍条末稍有少数锯齿状突起，无精液流出	同生殖期	同生殖期
鳙鱼	胸鳍的内侧有骨质的刃状突起，用手摸时有割水感觉，轻压腹部有精液流出	手摸胸鳍光滑，挤压腹部无精液流出	同生殖期	同生殖期

（四）亲鱼的选择

要想获得质量高的鱼卵和鱼苗，选择亲鱼是关键，从遗传角度来看，应选择已达性成熟个体大的和生长性能好的亲鱼，以保证子代的健壮。如选择早熟的个体小的鱼作亲鱼，不但亲鱼本身很难长大，产卵量少，而且获得的鱼苗质量也很差。目前生产上人工繁殖获得的鱼苗质量存在许多问题，解决这些问题可从以下几方面入手。

1. 选择健壮的亲鱼

（1）年龄适当：一般第一次产卵的亲鱼产卵量低，鱼苗质量差，第2~4次产卵时产卵量提高，鱼苗质量也提高。生产上可取最小的成熟年龄加1~10为最佳繁殖年龄。

（2）体重：从遗传角度来讲个体大的亲鱼，产卵量大，鱼苗质量也高。

（3）体质：加强亲鱼培育，保证营养，保证亲鱼适当的肥满度。

2. 不同水系亲鱼混交（避免近亲交配）

血缘关系越远，后代质量越高。最好从原种基地引进原种后备亲鱼（或鱼种），其亲鱼符合种质资源标准。

二、亲鱼培育的技术要点

（一）池塘（培育池）

为了有利于亲鱼的生长发育，应注意以下几点。

（1）注排水和交通方便：底平、保水（特别鲢、鳙鱼池要求高肥度）。

（2）位置：靠近催产池，环境安静。

（3）面积：以3~5亩*为宜；水深1.5~2 m即可。根据家鱼的不同习性，一般面积

* 亩为非法定计量单位，1亩=1/15 hm^2

较小、底质较肥的池塘适于养鲢、鳙；面积较大、底质较瘦的池塘适于养草鱼；培育池不宜太大，太大的鱼池水质不易掌握，同时家鱼分批催产造成一塘多次拉网，影响催产效果。

(4) 培育池每年清塘一次：清除野杂鱼，杀灭敌害动物、细菌和一些水生植物，并改良水质，还要对池塘进行维修。清塘药物有生石灰、漂白粉等，以生石灰最好，每亩用量75～100 kg。各药均有毒性，放养前用网箱在池内养几条鱼，检查毒性。

(二) 放养数量

放养数量以既能充分利用水体又能使性腺发育良好为度。花、白鲢以亩放养150～200 kg为宜，草鱼的放养量可适当大些，放养时♀∶♂=1∶1.5为宜，如雄鱼少，也不应低于1∶1。

亲鱼可以混养，也可单养。但混养时，一种鱼催产会影响其他亲鱼，单养又不能充分利用水体。因此常采用在亲鱼池内适当搭配不同种类的后备亲鱼的方式解决这个问题（表1-4）。

表1-4　亲鱼放养搭配方式

主养亲鱼	每亩搭配后备亲鱼的种类和数量
草鱼	鲢或鳙5～8尾
鲢鱼	鳙2～4尾和草鱼2～4尾（每尾重约10 kg）
鳙鱼	草鱼2～4尾（注意：不能搭鲢鱼）

为了清除杂鱼，培育池常放养2～3尾肉食性鱼类，如乌鳢、鲇鱼等。每亩还可搭放20～30尾的团头鲂亲鱼。

(三) 培育方法

从催产后算起，在一个年度里，亲鱼培育大致分为5个阶段：产后培育、秋季培育、冬季培育、春季培育和产前培育，每阶段的重点是不同的。

1. 产后培育

产后培育以恢复亲鱼体质为目的，产后亲鱼体质虚弱，鱼体常会带伤，容易感染疾病。另外，产后天气逐渐炎热，极易发生泛池死亡事故，因此须加强管理，同时注意以下几点。

(1) 产后亲鱼涂擦和注射药物防病（青霉素、链霉素）。

(2) 产后放养前，鱼池要彻底清塘，减少病菌和敌害，使池水清新。

(3) 放养后，要经常加注新水，保持水质清新，适当喂些精料，鲢、鳙少施、勤施肥（渔谚“大水、小肥”）。草鱼喂些嫩草或麦芽等。

(4) 我国南方和长江流域，家鱼第一次产卵后，经强化培育可再次产卵，如果我们不需一年两次繁殖鱼苗，产后不必强化培育，因为产卵后强化培育，夏季再次发育到第Ⅳ期，秋、冬季又要再次退化到第Ⅱ期（不能维持到第二年产卵），从经济上考虑不合算，从亲鱼性腺发育的规律来讲可能对春天的性成熟和人工繁殖有所影响。

所以这个时期应多加水、少施肥、少投饵，以恢复亲鱼的体质为目的。

2. 秋季培育

立秋后越冬前的时期，此阶段是亲鱼育肥和性腺发育的重要阶段。此阶段亲鱼大量摄食，为越冬和来年性腺发育奠定物质基础。

鲢、鳙鱼要加强施肥（绿肥、粪肥和化肥，每周500 kg/亩），饲养管理以施肥为主，喂食为辅，鲢鱼塘水油绿或褐绿色为好，鳙鱼以茶褐色为好。使池水以较浓的水色入冬（渔谚“大水、大肥”），同时适当投喂精饲料。

草鱼以投喂青饲料为主（陆草、水草等），并搭喂一些精饲料（豆饼、米糠等）。其中青饲料日投喂量平均为其体重的30%（陆草）或50%（水草）；精饲料日投喂量为2%～3%。

此阶段主要是强化培育，为越冬准备。增加施肥和投饵。同时要经常加注新水，每月1～2次。

3. 冬季培育

水温10℃以下摄食减少。在北方，11月进入了冬季，翌年4月初解冻。北方池塘封冰，不便施肥、投饵。应做好越冬管理工作，检查溶氧、浮游生物量等，必要时打冰眼施肥。南方可少量施肥、投饵。

4. 春季培育

4—6月为四大家鱼性腺迅速发育时期。雌亲鱼通常在Ⅲ期卵巢越冬，春季随水温的升高，卵进入大生长期，开始大量积累卵黄，在繁殖期到来之前的3个月里，亲鱼不但要大量摄食维持自身生长的需要，还需要更多的物质以供卵巢发育之用。因此需从外界获得大量的食物。

草鱼增加青饲料的投喂量（可用麦芽、豆芽等），此时精饲料投喂量为体重的1%～2%，精饲料不要喂的过多，因如鱼长的过肥影响产卵，青饲料投喂量为其体重的40%～60%。

鲢、鳙开春后将水深控制在1 m左右，以利提高水温，肥料的用量加大，使水迅速变肥，并经常补充施肥，保持池水肥度，渔谚有“小水、大肥”。辅以投喂精饲料，一般鳙每尾每年喂精饲料约20 kg，鲢约15 kg。

5. 产前培育

亲鱼培育此阶段关键要定期加新水，进行流水刺激，这样不仅可以改良水质，并满足亲鱼对流水的需要，从而为性腺发育提供生态条件，3～7 d冲一次，临产前最好天天冲，渔谚有“秋天攻，春天冲”。

第四节　人工催产

人工催产就是人为促使卵巢由第Ⅳ期向第Ⅴ期过渡。

亲鱼经培育，性腺达到成熟（Ⅳ期末），这时在静水里是不能自行产卵的，必须人工注射催情剂（激素）才能够产卵、受精，进而孵化出鱼苗。

$$催产率：=\frac{产卵的亲鱼数}{实行人工催产的亲鱼数}\times 100\%\ (♀)$$

$$产后成活率：=\frac{催产后成活数}{催产数}\times 100\%\ (♀+♂)$$

一、催产剂的种类和生理功能

催产剂是指人工繁殖中使用的促进亲鱼成熟与产卵制剂的总称。

（一）鲤鱼、鲫鱼脑垂体（简称 PG）

其对鱼类繁殖的有效物质为促性腺激素（GTH）。具有促性腺生长、发育、分泌性激素、产生性行为和副特征等功能。

采用新鲜的鲤鱼脑垂体催产，效果很好，但必须贮养大批材料鱼，很不方便，现在多采用丙酮脱脂和脱水后的干燥脑垂体，使用方便，如保存的好，几年内不失效。最好用同属或同科鱼的脑垂体，一般鲤、鲫鱼脑垂体最常用。脑垂体中 GTH 的含量产卵前最高，所以采集时一般在春天产卵前进行，当然也可结合鲤鱼的销售在冬季采集。所用鱼类最好是已达性成熟年龄的鱼，并且鱼死的不能太久，否则都影响垂体的质量。一般 1 kg 鲤鱼脑垂体干重约 1～3 mg。

（二）人体绒毛膜促性腺激素（HCG）

其功能与 LH 相似（GTH 细胞分泌两种颗粒：一种 LH 促黄体生成素；另一种 FSH 促滤泡激素）。能够促使鱼类卵细胞发育、成熟和诱导排卵。市售成品为粉末状（白色或淡黄色），易溶于水，水溶后不易保存，故使用时现配使用。人绒毛膜促性腺激素是从怀孕 2～4 个月的孕妇尿中提取出来的一种激素，易产生抗药性，以国际单位（IU）计量。

（三）促黄体生成素释放激素类似物（LRH－A）

其功能一是促使鱼脑垂体合成与释放 GTH；二是在家鱼上具有催熟的效果（提前一个月，少量，进一步发育成熟）；三是在内源 GTH 的作用下促使排卵。

我国是 1974—1975 年人工合成 LRH－A 的，目前市售的成品叫“鱼用促排素 2 号、3 号”。LRH－A 其成品为白色结晶形粉状制剂，易溶于水、怕光照，不会产生抗药性。

（四）其他新型催产剂

鲑鱼促性腺激素释放激素 sGnRH－A 20～50 μg/kg，地欧酮（DOM）2～5 mg/kg，多巴胺拮抗物（PIM）配合 LRH－A 时 1 mg/kg，高效鱼用催产合剂 A、B 型等。

（五）PG、HCG、LRH－A 催产效果比较

（1）PG：对青、草、鲢、鳙都有很好的催产效果，效应时间稳定；在水温低的催产早期和水温高的催产后期，垂体效果好；使用垂体如方法得当可得到较高的催产率，如使用不当易难产。

（2）HCG：对鲢、鳙的效果与 PG 相同，对草鱼不好，且 HCG 长期使用，抗药性明显，剂量有增大趋势，易难产。

（3）LRH－A对草鱼的效果比PG好，催产率多，不易难产，对链、鳙效果不如PG、HCG，效应时间长。单用LRH－A对一年两次产卵的催产效果不佳。LRH－A与PG或HCG混合使用，效果好，不亚于垂体，且催产率高，不易难产。

二、催产池和催产工具

催产池：有圆形和椭圆形，以圆形为好，直径可因具体条件而定。

工具：亲鱼网、鱼夹和采卵夹等。

三、催产期的确定

选择最适的季节进行催产是人工繁殖成功的关键之一，因为卵巢发育到第Ⅳ期末后就可进行催产。但第Ⅳ期末后的等待时间是有限的（个体7～15 d）。这时间内不催产，性腺就会退化和吸收。所以怎样确定最佳催产期就成了人工催产的关键。

（1）亲鱼的成熟程度：每年的催产日期不是固定不变的，与培育的好坏、气候、水温等有关。初产鱼成熟稍晚，培育的好成熟早，当年节气早、水温高、成熟早。反之，迟一些。根据上年的催产日，提前15 d检查性腺发育情况。

（2）参考历年的催产经验：日期、水温、效果等进行改进。

（3）与水温有密切关系：催产的一般水温18～32℃，最适22～28℃，太高、太低均不好。一般水温18℃以上持续10～15 d即可人工繁殖。

（4）以农作物生长为指标：如长江中下游地区，大麦黄、青蚕豆大量上市季节，一般正是人工繁殖的好时节，渔谚有“大麦黄，家鱼人工繁殖忙”。

（5）催产顺序：草、鲢、鳙、青。

四、成熟度的鉴别（选择催产亲鱼）

其实质就是掌握性腺的发育阶段，也就是用一系列办法确定其卵巢是否发育到了第Ⅳ期末。因为只有达到第Ⅳ期末时才能催产成功，不到期催产不灵，过期也不产卵（持续时间：个体7～15 d，对于群体30～45 d）。但同一池的亲鱼并不是同时发育到第Ⅳ期末，所以催产时必须分批催产，每批挑选适当成熟的亲鱼，这就是选择成熟亲鱼的必要性，它直接影响催产效果。

（一）生产上常采用经验法鉴别

（1）看：看雌亲鱼腹部大小、生殖孔的颜色及卵巢的流动状态：如腹部很大，生殖孔红肿、流动状态较好（仰翻鲢、鳙鱼能隐见肋骨，抬高尾部，隐约可见卵巢轮廓向前移动）。具备这些特征说明卵巢发育良好。

（2）摸：摸雌亲鱼腹部的弹性如何，柔软、有弹性为好的表现，如过分膨大、弹性消失，说明已过熟，如卵巢较硬说明不成熟，均不易选用。此外还有两种情况：就是草鱼吃的太多，腹部大不易鉴别，故草鱼检查前停食1～2 d。还有腹部很大，但脂肪过多，弹性不好。这时要看鳞片情况，成熟的草鱼其腹部鳞片排列疏松。

（3）挤：对于雄鱼的鉴别是挤压生殖孔，若有乳白色精液流出，说明成熟的较好，但有时轻挤时有粪便流出，说明鱼的摄食仍然很大，故该雄鱼没有成熟，因为在雄鱼性成熟前摄食量大大地减少，草鱼几乎停食。

（二）理论上

对于成熟雌鱼的鉴别，可以用取卵器取卵进行鉴别。取卵后用透明液透明，放在玻璃片上，观察卵的大小、颜色及核的位置。若卵粒大小整齐，大卵占大部分，有光泽，黄绿色或青灰色，核大部分或全部偏位，说明发育得很好。

附：卵球透明液的配制：95%酒精85份；福尔马林（37%～40%甲醛）10份；冰醋酸5份。

五、注射催产剂

通过鉴别，认为已发育成熟的亲鱼即可注射激素，催产时必须掌握合适的剂量。太低刺激不够，血液中的激素浓度达不到阈值，不能产卵；过高异体蛋白对鱼有害，也易产生抗药性。

（一）剂量

以下均为雌鱼的剂量，雄鱼的剂量为雌鱼的1/2。

（1）单用垂体：4～6 mg/kg，对青、草、鲢、鳙均适用。

（2）单用HCG：800～1 000 IU/kg，对鲢、鳙的效果最好，草鱼对其不敏感，要高达10～20倍。且需要再提纯，所以草鱼不使用HCG，而花、白鲢必用HCG。

（3）单用LRH－A：几乎每种鱼都要注射，但对草鱼效果最好。用量10 μg/kg，以二次注射效果比较好，第一次注射1 μg/kg，放回预备池，8～10 h后再按10 μg/kg注射第二次，效果相当好。

（4）混合使用：生产上，很少单一使用某种激素，一般都配合使用。

鲢、鳙：①第一针1～2 μg/kg LRH－A；第二针10～15 μg/kg LRH－A＋800～1 000 IU/kg HCG（或0.5～1 mg鲤鱼脑垂体）间隔12 h；② 第一针LRH－A＋DOM（5 μg/每尾＋0.5 mg/kg），间隔8 h第二针，HCG 800 IU/kg。

草鱼：一般只使用LRH－A，一次注射，剂量为5～10 μg/kg，效果相当好，不需二次注射。

（5）注意事项：① 雄鱼一般采用一次注射，剂量为雌鱼第二针剂量的一半，与第二针一起注射。② 雌鱼如分两次注射，第一针的目的是催熟，均使用LRH－A效果最好，用量1～2 μg/kg，不能太高，否则易引起早产。一般草、鲢易产卵，一次注射；鳙鱼和青鱼二次注射。③ 两次注射的时间间隔与第二次注射后的效应时间相同，而效应时间又与鱼的种类、水温等有关，一般间隔8～10 h，成熟差可间隔24 h。

（6）生产实例：以下为1985年江苏昆山县水产场实例（雌鱼剂量）。

草鱼：1985年5月12日，注LRH－A 15 μg/kg（一次注射）。

白鲢：1985年5月15日，注LRH－A＋HCG：15 μg/kg＋1 000 IU/kg（一次注射）。

花鲢：1985年5月21日：第一针LRH－A 2 μg/kg；第二针LRH－A＋HCG：20 μg/kg＋500 IU/kg。

（二）催熟

如果亲鱼成熟较差或是为了提早产卵，可对亲鱼进行催熟工作。催熟常用 LRH－A 或 PG。根据成熟情况每隔半月或 1 个月一次，每次使用 LRH－A 0.5～1 μg/kg 或 PG 0.1～0.3 mg/kg。

（三）注射液的配制

PG、HCG、LRH－A 在注射时都要配成液体，通常使用 0.65% 的生理盐水，配制时溶液的体积不易太大，一般以 2～3 mL/尾为宜，即将规定的药量溶于 2～3 mL 溶液里。每尾鱼单独称重、编号后准备一个注射器。

例：有草鱼 20 组（♀20 尾 ♂24 尾），平均重 10 kg，用药量为 LRH－A 10 μg/kg，怎样配药？

（1）共需 LRH－A：♀10 μg/kg×20 尾×10 kg/尾＝2 000 μg，另加备用量 200 μg。

♂5 μg/kg×24 尾×10 kg/尾＝1 200 μg，另加备用量 100 μg；合计共需 3 500 μg。

（2）注射液浓度为：以每尾鱼用药 2 mL 计，则浓度为 50 μg/kg。

（3）配制：取 500 μg 瓶装 LRH－A 7 瓶，溶于 70 mL 生理盐水中。

（4）注射：10 kg 雌鱼取 2 mL 注射正好；如果是 1 尾 12 kg 重的雌鱼，则取 2.4 mL 注射；如果是 1 尾 10 kg 重的雄鱼，则取 1 mL 注射。

（四）注射部位、方法和次数

催产剂注射分体腔注射和肌肉注射两种，二者效果相同，生产上一般使用体腔注射。

（1）体腔注射：使鱼侧卧水中，在胸鳍基部或腹鳍基部无鳞处，将针头朝鱼体前方与鱼体表面成 45°～60°刺入体腔 1.5～2.0 cm，徐徐注入药液，不能注入太深，过深易伤内脏。

（2）肌肉注射：背鳍和侧线之间的部位，用针挑起一片鳞，并顺着鱼鳞的方向向前刺入肌肉，注入药液。此法较安全，但速度慢，药液溢出损失多，尤其大规模注射时（如团头鲂）很不方便。

（3）注射时间：主要根据天气、水温等情况控制在早上产卵，以利于孵化。一般都在下午进行注射（二次注射时，第二针放在下午），主要是根据水温和效应时间的关系来确定。

（4）注射次数：可根据亲鱼的种类、成熟度、催产季节的早晚、生态条件以及催产剂的种类灵活掌握。可一次注射，也可两次注射。

一次注射就是将预定的剂量一次全量注入鱼体内；二次注射就是把预定的剂量分两次注入鱼体内，一般第一次注射的剂量为效应量的 1/10，有时甚至 1/20。第二次注射则将剩余量或再补到全量注入鱼体。

两次注射的时间间距，如果亲鱼成熟好、水温高可控制在 8～12 h，如成熟差、水温低，最长可延长到 24 h。

六、发情与产卵

(一) 效应时间

即亲鱼自注入催情剂到发情产卵这段时距。效应时间的长短与水温、注射次数、催情剂种类、亲鱼的种类、亲鱼的成熟程度及生态条件等有关。如果是两次注射，则以最后一次注射为效应时间的计算起点。

(1) 水温：效应时间与水温关系最大，水温高，效应时间短；水温低则效应时间长。一般水温升高1℃，效应时间缩短1~2 h。

(2) 亲鱼的种类：在采用PG为催情剂时，在剂量和水温等相同时，其效应时间草鱼稍长、鳙次之、鲢较短；使用LRH-A为催产剂时，草鱼效应时间比鲢、鳙短且稳定。

(3) 注射次数：两次注射在水温、剂量、同种催产剂和同种鱼的情况下，要比一次注射效应时间短。

(4) 催产剂种类：PG最短、HCG次之、LRH-A最长。

总之，在正常情况下，水温的变化对效应时间的影响最明显。生产上可根据水温确定效应时间，相应安排催产的准备工作（人工授精时意义更加重大）。如水温20~21℃时，鲢鱼采用PG一次注射的效应时间为16~18 h，二次注射为10~11 h，详见本书附件。

(二) 产卵与受精

(1) 自然产卵受精：亲鱼在催产池里自行产卵、受精，完成受精作用，称为自然产卵受精。注射激素后，产生生理反应，出现雄鱼追逐雌鱼的兴奋现象，这就是发情。发情达高峰时雄鱼用头顶雌鱼腹部将卵挤出，同时雄鱼排精，完成受精作用。生产上，发情前2 h左右开始冲水，受精卵吸水膨胀在水流的冲动下进入集卵箱，应及时捞卵除去杂草、污物，过数后放入孵化设备内进行孵化。

(2) 人工授精：待亲鱼发情后，将雌、雄捕出，人为将精卵混合在一起完成受精作用。关键是准确掌握采卵和进行受精的时间，青鱼多采用人工授精。目前，人工授精的方法有四种。

① 干法授精法：备好干净的脸盆（每盆约可放卵50万粒），当亲鱼发情至高潮或到预计发情产卵的时间（效应时间），即拉网检查，若轻压雌鱼腹部，鱼卵能自动流出，则将卵挤入干的面盆内，并立即挤入精液，或用吸管吸取精液滴在卵上，每10万~20万粒卵只需滴入10滴精液即可，然后用羽毛或手轻轻搅拌1~2 min。使精与卵充分混合，然后加入少量清水，稍搅拌后（1~2 min）静止1 min倒去污水。用清水洗几次，让其膨胀。完成全过程。

② 半干法授精：基本同干法，只是将精液用0.3%~0.5%的生理盐水稀释后，再放到卵上受精。

③ 湿法授精：面盆中先放少量的清水，然后将精液和卵子同时挤入盆中，轻轻搅拌或摇动，使其受精。

④ 改良干法授精：在精与卵挤入盆中后，先加入少量的生理盐水稀释后，再进行搅拌，使精与卵混合均匀后，加入清水洗卵。

通过生产实践比较，用湿法授精的效果最好，其次是改良干法及半干法，但湿法不方便，常用干法授精，操作方便。人工授精过程中要避免精、卵受阳光直射。

(3) 自然受精和人工授精的优缺点。自然受精：亲鱼损伤小，受精率高，孵化率也较高，但不能进行鱼类的杂交，对雄鱼的比例要求严格（1∶1.5），且卵中常混有敌害生物。人工授精：要求技术高，在雄鱼少的情况下（1∶1 或更少）可保证受精率。便于进行鱼类的杂交工作，卵也较干净，但此法亲鱼受伤机会多，对亲鱼的性腺也有损害。

总的来说，自然受精的优点要多些，因此建议在亲鱼质量好的情况下，应尽量进行自然受精，或以自然受精为主，人工授精为辅。

七、产后亲鱼的护理、防止亲鱼产后死亡

(1) 产后亲鱼体质虚弱，伤病很多。因此要加强护理。同时使用药物进行适当处理。

(2) 拉网、运输等过程要精心操作，减少亲鱼受伤。

(3) 挑选亲鱼要准确，不成熟亲鱼不勉强催产。

(4) 药物防治鱼病：外用，在伤口处涂擦各种药物（如高锰酸钾溶液、各种药膏等）；内用，产后亲鱼注射抗菌药物，如兽用青霉素 10 000 IU/kg（体重）。

(5) 加强管理，使水质清新、饵料丰富。放入水质清新的池塘里，喂精料。

第五节　孵化

在人工控制下，从受精卵到鱼苗的生产过程称为人工孵化。孵化包括从受精卵→出膜的一段时间（20～25 h）和出膜后→鳔充气的胚后发育阶段（3～3.5 d）。

一、孵化工具

要求：结构简单、内壁光滑、不积卵。

生产上常用的有：孵化桶、孵化环道、孵化槽、孵化网箱等多种类型。

孵化网箱现已淘汰，孵化桶和孵化环道目前生产上使用较多。

二、人工孵化的技术要点

(1) 放卵密度：孵化桶 150 万粒/m^3（一般 0.2 m^3）；环道 100 万粒/m^3。

(2) 清除敌害生物：采用三级控制，入塔——出塔——入桶。必要时可用药物杀死。

(3) 防止卵膜早破：原因是卵质量差，膜薄，至尾芽期后易破裂，为防止早破可用 5～10 mg/L 的 $KMnO_4$ 浸泡鱼卵。可按器容积在 10 min 内用完规定药量（不停水，但减小水流）。

(4) 维持一定的水位：减少滤水纱窗上的贴卵现象或破膜后的卵膜贴在纱窗上可使水位升高、逃卵，故经常检查，刷纱窗。

(5) 控制一定的流量：太大逃苗（压力大），破膜，降低孵化率；太小沉卵，溶氧不足，死苗。① 以卵球能被冲到水面，缓慢翻滚为度；② 鱼苗出膜时，失去膨大卵膜的浮

力，且此时不会游泳，易下沉，要加大水流；③ 能游泳时，体内卵黄减少，并能顶流，适当减小水流，避免消耗过多的体力。

（6）准时出苗。出苗应符合以下标准：① 能水平游动；② 起腰点，即鳔充气；③ 能主动摄食，肠管已形成（投喂鸡蛋黄）。

一般孵出后（出膜后）4～5 d可达上述标准。

三、计算受精率和出苗率

$$受精率 = \frac{好卵数}{总卵数} \times 100\%$$

受精后约6～7 h，胚胎发育到原肠中期，此时好、坏卵明显，好卵（受精卵）发育正常，晶莹透明，坏卵（未受精卵）发白、不透明。取100粒卵，用放大镜观察即可。

$$孵化率 = \frac{出膜鱼苗数}{受精卵数} \times 100\%$$

生产上难统计，同时意义不大，所以生产上均统计的是出苗率。

$$出苗率 = \frac{下塘鱼苗数}{受精卵数} \times 100\%$$

出苗率不仅反映生产单位孵化工作的优劣，而且也表明了整个家鱼人工繁殖的技术水平。下塘鱼苗数是指达到三项标准的鱼苗数量，计数鱼苗的方法很多，常用杯量法。

四、鱼苗下塘

出苗后在集苗箱喂饱（50万尾一个熟蛋黄，用纱布包好揉入水中）。2～3 h后计数下塘，下塘时池塘水温与孵化水温相差不超±2℃，在上风处放鱼苗。

五、鱼苗运输

以尼龙袋充氧运输最为常见，其优点是：体积小，轻便，适用于空运和长途运输，一只（70×40）cm的尼龙袋，装水2/5约8～9 kg，3/5充氧。如每袋装鱼苗15万尾，有效运输时间10～15 h，装10万尾鱼苗，有效运输时间达24 h。

运输时间在达三项标准的前提下，越早越好。也就是腰点出齐后应尽快运输，此时卵黄未消失，可不喂食，成活率高。如卵黄消失，成活率降低。运输时水温不低于15℃。

第六节　鲤鱼、鲫鱼的人工繁殖

鲤、鲫鱼是我国广大地区重要的养殖鱼类，属产黏性卵的鱼类。人工繁殖条件易满足，设备也简单。鲤鱼的人工繁殖包括：亲鱼培育、产卵、孵化和出苗4个环节。本节着重介绍鲤鱼的人工繁殖。

一、亲鱼培育

（一）鲤亲鱼的选择

（1）体质：选择外形典型的亲鱼，体高背厚，肥满无病，鳞片无大面积脱落或擦伤，鳍条无深度断裂，受伤严重的鱼不要勉强充数。

（2）性别：♀∶♂ =1∶1。鉴别方法见下表1－5。

表1－5　鲤鱼的雌雄鉴别

季节	性别	体形	腹部	珠星	泄殖孔肛门
非生殖季节	♀	背高、体宽、头相对小、个体大	较大而宽	无	肛门略凸、周围有纵褶
	♂	体狭长、头大、个体小	狭小较硬	无	肛门内凹、纵褶不明显
生殖季节	♀	背高、体宽、头相对小、个体大	成熟时柔软	没有或只有少量	红润、松弛而凸出
	♂	体狭长、头大、个体小	轻压腹部有精液流出	胸鳍、腹鳍、鳃盖有珠星，手摸有粗糙感	略内凹而狭小、不红润

（3）年龄与体重：选择壮年鱼，♀4～5龄，体重2 kg以上，♂3～4龄，体重1 kg以上，可以提高产卵量（3万～5万粒/kg）。

（4）时间：首次选择的亲鱼不要到产卵季节临时采集，最好是在产卵孵化前一年贮养，而以池塘培育的亲鱼为最好。

（二）鲤亲鱼的培育

鲤鱼性腺的发育和产卵量的多少与饵料的数量和质量之间关系极大。饲养鲤亲鱼的饲料要多样化，不仅要喂植物性饲料，还必须保证足够的动物性饲料。最好是投喂配合饲料，保证必须氨基酸的平衡，饲料中富含矿物元素可显著地促进亲鱼的代谢，加速性腺的发育。每天投喂量为体重的5%～10%。

在亲鱼的整个培育过程中，要特别注意对水质的调节，始终保证溶氧充足（4～8 mg/L），尤其是秋季，池水常有发生老化的趋势，引起溶氧下降物质循环缓慢、有毒物质和气体增加，从而影响性腺发育，因此秋季要经常交换新水。此外，对鱼病的防治，也是一项不可忽视的重要措施，一旦发生鱼病，就会影响亲鱼性腺的发育，必须定期防治。亲鱼培育的主要生产环节包括以下几方面。

（1）产后培育：产后卵巢退化、吸收返回到Ⅱ期，此时加强精饲料的投喂量和水质管理。

（2）秋季培育：鲤亲鱼在秋季要积累足够的脂肪，用途有二：一是转化为卵母细胞的卵黄；二是供应越冬期的能量消耗。所以秋季饵料中必须提供足够的脂肪，满足亲鱼的需要。

（3）产前培育：不必像家鱼那样加强产前培育，因为鲤鱼在冬天已完成卵母细胞的生长阶段，到春季只要生态条件适合，性腺就会很快从第Ⅳ期到第Ⅴ期。所以只需在越冬结束后投喂少量的精料，帮助亲鱼恢复体质即可，因为亲鱼在繁殖期间是很少摄食的，如果秋季没培育好，性腺不成熟，那么产前无论喂什么精料都是没用的。

(4) 产前雌、雄鱼分养：春天水温稳定在15℃以上鲤鱼就可产卵，但北方此时还会有寒流侵袭，造成鱼苗大量死亡。故雌鱼产卵期将水温稳定在16～18℃是必要的，这就要求春天（长江流域3月底之前）雌、雄鱼分池饲养。防止零星产卵，获得集中大批产卵。分池饲养可控制产卵时间，然后选择适宜的天气、时间进行并池，再配合其他催产措施，进行鲤鱼的人工繁殖。

(5) 培育池：3～4亩，东西长，水深1～1.5 m，注排水方便，放养量150～200 kg/亩。可混养几条肉食性鱼类，还可混养部分白鲢来调节水质。

二、产卵

鲤鱼的产卵要求一定的外界环境条件，如水温、光照、水质、卵的附着物、异性等。因此要做到顺利产卵就必须满足这些环境条件，并做好鲤鱼产卵前的准备工作。

（一）产卵池

要求向阳避风、环境安静、池内无杂草或其他能附着卵的杂物，注排水方便，面积0.5～1亩，水深约1 m。池底淤泥少，砂底最好。产卵池使用前要清塘消毒，注水时要严密过滤，防止敌害生物进入危害鱼卵、鱼苗。

（二）鱼巢的制作

鲤鱼产黏性卵，卵的附着物是其产卵的必要条件之一。人工设置的供卵的附着物体称为鱼巢。而鱼巢制作和设置方式的好坏，都直接影响产卵效果。

制鱼巢的材料要求：质地柔软、纤细须多、浸泡在水中10 d左右不发霉、腐烂等。常用的有：柳树须根、草根、棕榈皮、水草和干草等。现已有人造纤维的鱼巢。棕榈皮使用的最多。

使用前要经煮沸、晒干消毒。鱼巢制作时要扎成束，每束大小力求均匀一致，有利于计算产卵量，每组产卵亲鱼可准备4～5束的鱼巢。

（三）鱼巢的设置

当发现亲鱼有产卵的征兆时，就要布置少量的鱼巢进行试巢，根据产卵亲鱼的数量可增加布置相应数量的鱼巢，否则会影响鱼巢着卵的密度。

鱼巢一般布置在离岸边1 m的浅水处，最好以平列式法布置。将竹竿沉入水下10～15 cm，使鱼巢呈漂浮状态，每竿之间的距离，以鱼巢末梢能达互相连接为度。此法布置的鱼巢，下沉水底的卵不超过5%，可不设底层接卵鱼巢。

（四）鱼巢的换取

鱼巢着卵均匀后，要及时移入孵化池以免着卵过密而影响孵化。取走着卵鱼巢后及时换入新的鱼巢，入孵化池前最好用硫醚沙星浸泡防水霉。

（五）促使鲤鱼产卵的措施

自然情况下，只要雌、雄鱼并池就可产卵，但由于亲鱼成熟度不一致，使产卵时间拖得很长，有时可能难产，给工作带来很大麻烦，为了获得大规模的鲤鱼产卵，有利于孵化的进行，避免“马拉松”式的产卵和孵化工作。生产上常采用人工方法促使鲤鱼产卵，现介绍两种方法。

（1）催情：催情必须建立在鲤鱼性腺发育成熟的基础上。目的是获得大规模的产卵效果。性腺发育不成熟，催情也不会产卵。催情时使用的剂量：LRH－A 为 30～50 μg/kg；用 PG（4 mg/kg）或 HCG（1 000 IU/kg）或上述任意两种减量混合注射效果更好。雄鱼一般不注射。

强调：如果自然状态能顺利产卵，最好不要注射催情剂，只有自然产卵不畅时才考虑催情，但催情前要检查性腺的成熟度，成熟差的要缓期执行，如勉强催情，反而带来不良结果。

（2）晒水并池法：在鲤鱼亲鱼较多的单位，可选择晴天早晨将水排至 17 cm 左右，让亲鱼露出背鳍在浅水中暴晒一天，傍晚时加水至 1 m，对亲鱼进行流水刺激和提高水温。这样进行 2～3 d，然后布置鱼巢可诱使鲤鱼产卵——晒水法。有的单位把 2～3 个池鲤鱼亲鱼并到一个池中，增加亲鱼密度，调整雌雄比例，也可促使产卵——并池法。

鲤鱼属于一年一次产卵、成熟的卵一次产出，也可连续几次产完。一般连续两天可将成熟卵产出。对于鲤鱼群体产卵可分为三批：第一批产卵量占 15%；第二批占 60%；第三批约占 25%。北方地区春季寒流多，要注意其对产卵的影响，选择好的天气，一般桃花盛开后晴天可进行鲤鱼的人工繁殖。鲤鱼产卵一般在清早日出前开始，一直持续到上午 9—10 时。

三、孵化

鲤鱼受精卵的孵化方法，目前有：池塘孵化、网箱孵化、淋水孵化、脱黏流水孵化等 4 种。

（一）池塘孵化

（1）孵化池：使用前孵化池要彻底消毒，孵化用水要清洁，溶氧高，经过滤无敌害生物。浮化池有两种。

① 土池：面积 0.5～1 亩，水深 1 m，也可直接用鱼苗池代替。专用孵化池最好用水泥板护坡，以利出苗。底质坚硬或铺沙子。

② 水泥孵化池：面积 20～50 m^2，水深 0.5～0.8 m。

（2）孵化密度：普通土池孵化，3 000～5 000 粒/m^2，或 50 万粒/亩。

（3）孵化管理：鱼巢移入孵化池前，孵化池清塘消毒；同时，鱼巢要进行消毒，防止水霉病的发生，18～20℃时，可用 3%～5% 食盐水或 0.5 mg/L 硫醚沙星溶液将带卵的鱼巢浸泡 10 min。消毒后将鱼巢一排排摆好放入孵化池，并将鱼巢沉入水面 10 cm 以下。鲤鱼受精卵的孵化时间长短，主要取决于水温的高低，一般为 90 度·日的积温。如水温 15℃需 6 d，18℃时 96 h，20℃需 91 h，25℃需 49 h 孵出。鲤鱼最适孵化水温为 20～

21℃，过高、过低均不利。

在整个孵化管理过程中注意：① 保持孵化池的水质清新，氧量充足，必要时加注新水。② 遇寒流侵袭、气温骤降时：及时将鱼巢沉入水下深处，并补注新水提高水位，减少低温的危害，或用塑料布遮盖孵化池。③ 防止孵化池中浮游生物大量繁殖。浮游植物多时，溶氧超饱和，抑制呼吸器官和循环器官的发育，浮游动物多时易造成缺氧。解决办法是，当浮游植物大量繁殖时及时加注新水或用敌百虫杀灭浮游动物。④ 防水霉：在整个孵化期，每天用3%食盐水或0.2～0.3 mg/L的硫醚沙星在鱼巢的周围泼洒一次，直至鱼苗孵出为止。⑤ 随时捞出青蛙和蛙卵，以免吞食鱼卵。

（4）适时取出鱼巢：鱼苗孵出后2 d，轻轻抖动鱼巢，使鱼苗离开后取出鱼巢，再放入少数新巢供鱼苗黏附用，待鱼苗完全能自由游泳时，再将鱼巢全部取出。取巢不要过早，否则鱼苗无附着物后沉入水底而死亡（出膜后4～5 d）。

（二）网箱孵化

缺少孵化池或只有少量的杂交卵供实验用时，可将鱼巢放在细目的网箱内孵化，网箱最好固定在有微流水的地方又不受风浪袭击，其管理同池塘孵化。

（三）淋水孵化

贵州、云南等地区使用。优点是：减少水霉危害，孵化不受气候变化影响，孵化率高等。方法是：将着卵的鱼巢取回放在室内或塑料棚中的架子上，用淋水或喷水的方法，使鱼巢保持温润，让受精卵在潮湿的环境下发育，在胚胎发育到出现眼点后，再将鱼巢移入池塘孵化。在淋水过程中室温保持20℃左右，并通过气窗交换室内气体，以保证氧气的供应，室内池中要注一定深度的水，以维持棚中的湿度。发育到出现眼点后，可移入池塘孵化，但注意室温和孵化池水温相差不超过5℃，否则会引起胚胎死亡。

（四）脱黏流水孵化

鲤鱼产黏性卵，如果人工授精（杂交鲤）取得受精卵经脱黏处理后，可放入孵化设备中进行流水孵化。优点是：减少水霉菌的感染、提高孵化率、节省鱼巢、提高孵化密度、管理方便等。

目前使用的鲤鱼、鲫鱼脱黏方法有下列几种（受精卵必须干法受精）。

（1）泥浆脱黏法：先用黄泥土和成稀泥浆水（用40目筛绢或纱布过滤），然后将干法受精获得的受精卵缓慢倒入泥浆水中，并搅动泥浆水，使鱼孵均匀分布在泥浆水中，经3～5 min的搅拌脱黏后，一起移入网箱洗去泥浆，即可放入孵化设备中孵化。不足的是对孵膜的刺激、磨损大。

（2）滑石粉脱黏法（硅酸镁 $Mg_3Si_4O_{11} \cdot H_2O$）：是较好的脱黏方法，将100克滑石粉及20～25 g的食盐放入10 L水中。搅拌成混合悬浮液，可放入受精卵1～1.5 kg，将滑石粉悬浮液慢慢倒入盛受精卵的盆中，一面用羽毛缓慢地搅动25 min后。鱼卵用清水洗一次，即可放入孵化器中进行孵化。

脱黏流水孵化是一种较理想的孵化方法，但在脱黏过程中，脱黏剂对卵膜有损伤，且鲤鱼历来都在静水中孵化，所以，在保证不缺氧的前提下，要尽量减小水流，防止对鱼卵和仔鱼的危害。

（五）防止水霉感染的方法

（1）改进孵化方法：如淋水孵化、流水孵化，可以阻断传染途径，同时还可减少由于天气变化而引起的水温剧变。

（2）可用药物防治：0.5 mg/L 硫醚沙星浸卵 3 ~ 5 min 或 10 mg/L 的高锰酸钾溶液浸卵 30 min，有一定的效果。

四、出苗

刚孵出的仔鱼身体透明，不能游泳，靠卵黄囊营养继续发育，3 d 后开始吃小的浮游动物如轮虫、原生动物等。因此，刚孵出后的鱼苗非常脆弱，要认真加强饲养管理。

（1）适时投喂：当鲤鱼苗能水平游泳、卵黄消失时，应立即进行投喂，如营养不能及时供应，则会造成鱼苗的大量死亡。

池塘孵化：可投喂豆浆，每 1 000 m^2 每天可用 2 ~ 3 kg 黄豆磨浆后分 2 次投喂（上午 8 时，下午 3 时）。3 d 后可分池饲养。

水泥池：面积小可喂蛋黄，10 m^2 水面每天两个，纱布包好制成蛋黄水，再分两次泼洒，3 d 后可出池分养。

（2）调节水质：主要是防止缺氧浮头，办法是经常补注新水，注水时要过滤防敌害进入，每次注水时间不要太长，注水量不宜太大，喂食时不加水。

（3）防除病害：孵化池有机物多或浮游植物多，热天易产生气泡，使鱼苗得“气泡病”。因此水肥时注意加换新水，另外，随时除去青蛙卵、蝌蚪和水生昆虫，以免危害鱼苗，对于大型浮游动物可用敌百虫杀灭。

（4）鱼苗出池：3 ~ 4 d 后，鱼苗达三项标准后可打网分池，拉网选择晴天的上午进行。

五、鲤鱼受精率和出苗率的计算

当胚胎发育到原肠中期（水温 20℃时，受精后 7 h）即可计算受精率。

第七节　团头鲂的人工繁殖

其繁殖习性介于鲤鱼和四大家鱼之间。

一、亲鱼培育

（1）成熟年龄：2 ~ 3 龄性成熟，体重 0.3 kg 以上，雌、雄鱼鉴别似草鱼。生产上选择 3 ~ 4 龄，1 kg 以上个体作亲鱼。

（2）亲鱼培育：一般在四大家鱼池少量混养、投喂其喜食的水草、辅精料。单养每亩 100 ~ 150 kg，满足青饲料需要量，同时每尾每亩每年需精饲料 1.0 ~ 1.5 kg。

同时在 4 月中、下旬，水温升高后，雌、雄鱼必须分池饲养，否则水温上升到 18 ~ 20℃、池水位上升可能要在草上产卵，不利于人工控制。

二、催情产卵

团头鲂人工繁殖迟于鲤鱼 15 d，早于四大家鱼 15 d 左右。自然产卵需微流水，在池塘里条件合适也能零星产卵，但生产上为了一次获得大量鱼苗，多进行人工繁殖。

催情剂与家鱼相同，一般一次注射，剂量比家鱼偏高，雌鱼剂量如下：PG 6 ~ 8 mg/kg，HCG 1 600 ~ 2 400 IU/kg；LRH - A 25 ~ 50 μg/kg，雄鱼减半。或上述任两种减量合用。注射时间为傍晚，第二天黎明产卵，水温 24 ~ 25℃效应时间为 8 h，水温 27℃ 6 h。

团头鲂产黏性卵，但黏性弱于鲤鱼，催情后将亲鱼放入产卵池，布置鱼巢，可让其自然产卵，卵巢布置方法同鲤鱼。如有微流水刺激产卵效果会更好。也可进行人工授精，脱黏流水孵化，产卵量 8 万 ~ 10 万粒/kg。

三、孵化

（1）池塘孵化：同鲤鱼，放卵 40 万 ~ 50 万粒的卵巢，水温 23℃时 44 h 出膜，出膜后 4 d 可主动摄食，此法孵化率较低，目前生产上较少采用。

（2）流水孵化：将鱼巢上卵用力甩落（黏性差），或人工授精获鱼卵，进行脱黏。然后放入孵化设备进行孵化，方法及管理同家鱼。

第二章　鱼苗、鱼种的培育

受精卵经一定时间的孵化，卵膜破裂，鱼苗出膜。此时鱼苗以卵黄为营养，不能游动，3～4 d后，达下塘标准（腰点、平游、吃食），从此时开始了下一生产环节——苗种培育。

第一节　鱼苗的培育

鱼苗培育是指全长约7 mm鱼苗，亩放10万～15万尾，经18～22 d养成夏花（3 cm左右的稚鱼）的生产过程（也叫夏花培育）。

一、清塘

清塘的目的是杀死各种大小杂鱼，去除有害的水生动、植物、致病菌等。为鱼苗、鱼种生长创造一个良好的生活环境，清塘通常使用的药物有：生石灰、漂白粉、茶粕、氨水等，其中以生石灰的使用最广泛，且兼有改良水质、肥水作用。

（一）生石灰（CaO）清塘

（1）原理：$CaO + H_2O = Ca(OH)_2 = 2OH^- + Ca^{2+}$。$OH^-$使水的pH值迅速提高到11以上，从而杀死一切害鱼、蛙卵、水生昆虫、青泥苔、寄生虫和致病菌，还起施肥的作用（钙肥）。

（2）清塘方法：有干法清塘和带水清塘两种，一般常用干法清塘，当水无法排出时才使用带水清塘法。

干法清塘法：先将水排至6～10 cm左右（防泥鳅入泥），在池底四周挖几个小坑，将生石灰倒入小坑内，加水化开后，不待冷却即向四周均匀泼洒，一般亩用量50～75 kg。

带水清塘：把石灰化浆后全池泼洒，水深1 m亩用量125～150 kg。

生石灰清塘后最好检查pH值，因CaO放太久吸水要失效，或水中其他因子影响效力，如达不到标准，增加施放量，其药性消失时间7～15 d。

生石灰必须用块灰，而粉灰是生石灰在空气中潮解形成的$CaCO_3$（熟石灰），不能用于清塘

（二）漂白粉（$CaOCl_2$）清塘

清塘效果与CaO相似，但药效消失比CaO更快，3～5 d可放养鱼苗，对于急用池更宜。此外，漂白粉适合于盐碱地鱼池，清塘后不增加水体的碱性。

（1）原理：$CaOCl_2 + H_2O \rightarrow HClO + Ca$；$HClO \rightarrow HCl +$［O］新生态氧，其杀菌主要是靠［O］新生态氧。

（2）用量：水深1 m亩用量13.5 kg（20 mg/L），水深6～10 cm，亩用量5～10 kg。

施用时也是将漂白粉用水溶解后（不能用金属容器），全池泼洒。

（3）注意：漂白粉有效氯含量为30%，但极易分解失效。故使用时应测定有效氯的含量，据此推算亩用量。相似药物：漂白精（10 mg/L）；三氯异氰尿酸（7 mg/L）有取代漂白粉的趋势。

二、鱼苗放养前的准备工作

（一）苗、种池的选择（表2-1）

表2-1　苗种池条件

项　目	鱼苗培育池	鱼种培育池
面积/亩	1~3	2~5
水深/m	1~1.5	1.2~2
池塘堤岸	不渗水	不漏水

（二）池塘的修整

每年进行一次。挖除池底过多的淤泥（保留10 cm），清除杂草，修堤补漏、加固池堤、平整池底等工作（拉网时鱼小，不遗漏掉）。

（三）彻底清塘

为鱼苗、鱼种生长创造一个良好的生活环境。

（四）注水和施肥

在鱼苗下塘前8~10 d注水50~60 cm，然后立即施一定数量的基肥，称“培养水质”，目的是让鱼苗下塘时能吃到充足的天然饵料（轮虫）。

施基肥的数量和种类因地制宜。绿肥、粪肥均可。参考数据：发酵的粪肥（牛、猪粪等）200~300 kg/亩。或者绿肥（大草）300~400 kg，当然要根据池塘情况而定，新池加倍也可。

（五）鱼苗下塘前放“试水鱼”

鱼苗下塘前3~4 d亩放13~15 cm鳙鱼200~300尾，作为试水鱼，目的是：① 测定清塘后的药物毒性是否消失；② 可吃掉一些对鱼苗不利的大型浮游动物；③ 检查池水肥度。如试水鱼活动正常说明药物毒性消失。如试水鱼晴天早晨不浮头，或浮头时间很短，说明水质较瘦，应增加施肥，若上午8—9时还在浮头，手击掌声鱼也不下沉，说明水太肥，池塘缺氧，应加注新水。若日出后1 h左右鱼自然下沉，说明水质肥瘦适中。鱼苗放养前试水鱼要如数捕出。

三、鱼苗养成夏花的主要技术

（一）适当肥水放养鱼苗

（1）什么是适当肥水：刚下塘的鱼苗其适口食物是轮虫和无节幼体。对于小型的浮游植物和原生动物鱼苗摄食不到，而大型的枝角类、桡足类还可能损伤鱼苗，由此所谓的适当肥水就是指水体中鱼苗所需的适口食物轮虫和无节幼体，且其含量应达 5 000 ~ 10 000 个/L（或生物量 20 mg/L）。这样的水质我们称之为适当肥水。

（2）为什么要适当肥水下塘：池塘施肥后，浮游生物出现的高峰时间是有规律性变化的，一般顺序是：清塘施肥→浮游植物、原生动物→轮虫和无节幼体→小型枝角类→大型枝角类→桡足类。而鱼苗从入池（7 mm）到全长为 20 mm 食性转化规律是：轮虫、无节幼体→小型枝角类→大型枝角类和桡足类。也就是说适当肥水下塘不但可以满足下塘时鱼苗对适口食物的需要。同时根据池塘施肥后浮游生物的变化规律，以及下塘后鱼苗全长的增长，其适口食物的变化规律是一致的，这样也就为鱼苗以后的生长发育不断提供适口食物，满足其生长。所以适当肥水下塘可以保证在整个夏花培育过程中鱼苗都能摄食到丰富适口的饲料。为提高鱼苗的成活率创造了条件，所以我们说适当肥水下塘是养好鱼苗的关键技术措施。

（3）如何“制造”适当肥水：据李永函（1983）实验：在水温 20 ~ 25℃时，鱼池清塘注水、施肥后 8 ~ 10 d 轮虫生物量达到高峰，能持续时间为 3 ~ 5 d。所以要得到适当肥水，必须确定鱼苗下塘时间，从而在鱼苗下塘前的 8 ~ 10 d 清塘，施肥，粪 200 ~ 300 kg/亩。使鱼苗下塘时的轮虫正好达到高峰。

但在生产上由于存在计算偏差，有时轮虫高峰已达到而鱼苗尚不能下塘，这样就错过了轮虫的高峰期，等鱼苗能下塘时，已是小型枝角类的高峰了。生产上应从以下几方面解决这一矛盾。

① 加入（0.1 ~ 0.3）$\times 10^{-6}$的晶体敌百虫杀灭枝角类，同时施有机肥。

② 放养抑制生物：放养鳙 200 ~ 300 尾/亩吃尽枝角类和桡足类；待鱼苗放养前再如数捕出。

③ 强化施肥：据李永函（1980）实验，在轮虫第一高峰期已过的情况下，每亩用 250 kg 左右的粪肥实行强化施肥，48 h 后轮虫可出现第二个高峰，但须注意强化施肥必须在鱼苗下塘前 2 ~ 3 d 进行，至少在鱼苗下塘前 48 h 进行。

（二）鱼苗放养

密度适中：10 万 ~ 15 万尾/亩。须注意以下问题。

（1）下塘鱼苗必须能水平游动，能主动摄食，鳔充气。

（2）清塘药物毒性必须消失才能下塘，试水鱼或采水样放几百尾鱼苗试验 7 ~ 8 h 无异状。

（3）水温相差不超过 5℃，即运输时水温与池塘的水温相差不能超过 5℃，否则易感冒死鱼，从南方购苗水温不得低于 15℃。不开袋放入池中 15 min 调温。

（4）尼龙袋充氧运输的鱼苗下池前要经过“缓鱼”的过渡阶段（放大的容器或鱼苗

箱中过渡）可喂些蛋黄（鸭蛋，沸水中煮1 h以上，越老越好，10万尾鱼苗1个蛋黄）。

（5）每个池塘应放同批鱼，否则大鱼会欺小鱼，成活率低，鲤鱼的大鱼则吃小鱼。

（6）这阶段都是单养，没必要混养。

（三）鱼苗的饲养方法

目前在生产上广泛使用施肥和豆浆混合饲养法。其特点是鱼苗肥水下塘；放鱼后每隔2～3 d施有机肥，亩用量150～200 kg；同时，投喂人工精料，以豆浆效果较好，每天每亩2～2.5 kg黄豆，1.5 kg黄豆25 kg浆，放浆时间越早越好，每天两次（上午8时和下午3时）。后期补喂豆饼等精料。

（四）饲养管理

（1）分期注水：前期50～60 cm，随鱼体增加，池水老化，须加新水，使后期水深达1.2～1.5 m为好，采用少量多次原则，注水时防止敌害生物进入（3～5 d一次，每次15～20 cm）；

（2）巡塘：注意水质变化，观察鱼苗所活动情况，捞取蛙卵观察鱼的摄食情况；早、中、晚巡塘。

（3）防病：常见有车轮虫病、气泡病等（$CuSO_4$ 0.7 mg/L，加水）。

（4）夏花出塘前要经拉网锻炼。

次数：不运输只一次就可，如要长途运输需2～3次，一般都是两次。

时间：在晴天上午，下午不行（出塘的前2～3 d）。

注意：阴雨或浮头不能进行拉网。

目的：经锻炼，肌肉含水量降低，窒息点下降，粪便排出，黏液分泌增多，目的是提高运输的成活率。此外，还能统计夏花的数量。

方法：鱼苗下塘后16～18 d，可选晴天上午拉网。第一网：夏花围集在网箱中，稍后放回池中；第二网：隔1 d后，密集在网箱中睏2 h左右放回原池，自用可分塘；第三网：隔1 d后，捕出放入清水的池塘网箱中“吊养”一夜，第二天可长途运输。

第二节　1龄鱼种的饲养

一、夏花放养前的准备工作

鱼种池在夏花放养前要进行清塘消毒、施基肥、注水等工作，要求与鱼苗池相似。每亩施肥200～400kg，主养鲢、鳙时多施，主养草鱼、青鱼、鲤鱼时少施，鲢、鳙控制在轮虫高峰下塘，草、青鱼等控制在枝角类高峰下塘。

二、夏花放养

（一）混养

夏花养成秋片期间，首先，各鱼类的食性和栖息水层已明显不同，此时混养可充分利用水体空间和各种天然饵料资源，提高池塘鱼产量。但另一方面，夏花养成秋片阶段，鱼食性的分化毕竟没有成鱼那样明显，它们的饲料主要是人工投喂的粉碎性饲料，青、草、鲤鱼等均喜食，会互相争食，因此不能像成鱼 7 ~ 8 品种养在一起，而应根据鱼的习性，一般采用 3 ~4 个品种混养。但也不宜单养，单养显然是不利的，如单养草鱼，青鱼会使水质过肥，对鱼的生长不利，单养鲢、鳙底栖动物会浪费。

（二）混养的搭配原则

在混养搭配时，常称某种鱼为主养鱼（主体鱼），所谓主养鱼是指：在混养时以某种鱼为主，少量搭配其他种类的鱼类，生产管理上的主要措施针对主养鱼实施，对配养鱼可不加考虑或少考虑。确定主养鱼可根据生产的需要来决定，有草鱼为主养鱼的，青鱼、鲤鱼、鲢、鳙、团头鲂都可作为主养鱼，生产上放养夏花时，主养鱼要提前 15 ~ 20 d 放养，使主养鱼规格增大，增强主养鱼对精饲料的争食能力，这样不但有利于主养鱼的生长，同时也培育了水质，有利于肥水性配养鱼的生长。

（三）搭配方法

一般生产上多采用草、鲢、鲤混养；鲤、鲢、鳙混养；草、鲢、鳙混养；青鱼多半是和鳙鱼混养效果较好。

（1）青鱼性情文弱、胆小、争食力差，故以其为主养鱼时，不可搭养草鱼、鲢、鲤，只可搭养与其争食能力相似的鳙 40%。

（2）以鳙为主养鱼时，绝对不能混养鲢鱼，即使少量对鳙鱼的生长也是不利的。鳙占 60%，混草 20% + 鲤 20%（或青鱼 40%）；或推迟发鲢，待鳙长大后，争食力强放鲢。

（3）鲢为主养鱼时，可搭养少量鳙鱼，利用水体中的浮游动物，比例为 10∶1。鲢占 60% ~65%，混鳙 10% + 草 30%（或鳙 10% + 草 10% + 鲤 20%）（或鳙 15% + 草 20%）（或青鱼 35%）。配鳙时最多不超过 20%。

（4）草鱼为主养鱼时，可搭养鲢、鳙、鲤、鲫、团头鲂等，鲢吃浮游植物使水变淡有利于草鱼生长，草鱼粪多肥水，提供鲢鱼食物，互相有利。鲤、鲫、团头鲂可控制草鱼的暴食。也起清扫食场的作用。也可搭养 10% ~15% 的鳙或青鱼。具体为：草鱼占 60%，混鲢或鳙 30% + 鲤鱼 10%（或鲢 30% + 鳙、鲤各 5%）。

（5）以鲤鱼为主养鱼时，可搭养 15% 鲢和 5% 鳙鱼，具体为：鲤鱼占 60% 混鲢 30% + 草鳙各 5%（或鲢 40% 或鳙 40%），近几年北方精养鲤鱼，鲤鱼最高可占 80%，混鲢 20%（或鲤鱼 70% + 鲢 30%）。

（6）鲫鱼为主养鱼时：不可搭鲤、草鱼，可搭团头鲂、鲢、鳙，如鲫占 80%，鲢 20% 等。

（四）放养时间

越早越好，最好赶在高温季节之前放养，这样不但可充分利用高温生长期，同时减少操作时的死亡数。

（五）放养密度

夏花放养密度受各种因素的影响。主要根据要求养成鱼种的规格来决定。而鱼种的规格则取决于生产的需要。如我们要求出塘规格大，密度可小些，反之可适当密放。此外池水的肥度、生长期的长短也是决定密度的一个因素。但夏花→鱼种阶段是混养鱼，所以不但主养鱼的密度决定出塘规格，而且配养鱼的密度大小也决定主养鱼的出塘规格。因此，如主养鱼密养，配养鱼应稀养，总数控制约1万尾/亩。主养鱼密度不变，其出塘规格随配养鱼的密度增加而减小。配养鱼的密度相同，其出塘规格随主养鱼的密度增加而减小（表2-2至表2-4）。

表2-2　以鲤鱼为主养鱼的放养模式（北京郊区/亩）

鱼种	放养			成活率/%	收获		
	规格/cm	尾	重量/kg		规格/g	尾	重量/kg
鲤鱼	4.5	10 000	10	88.2	100	8 820	882
H	3.5	200	0.15	95	500	190	95
A	3.5	50	0.15	95	500	48	24
合计		10 250	10.3			9 058	1 001

注：投喂颗粒饲料，CP≥35%，饵料系数1.3～1.5。

表2-3　以草鱼为主养鱼的放养模式

鱼种	放养			成活率/%	收获		
	规格/cm	尾	重量/kg		规格/g	尾	重量/kg
草鱼	4.0	10 000	10	80	60	8 000	480
鲤鱼	4.0	1 000	1	96.8	155	968	150
H	3.3	5 000	5	83.2	30	4 160	125
A	3.3	800	0.8	85	50	680	34
合计		16 800	16.8			13 808	789

注：投喂颗粒饲料，CP≥31%，饵料系数1.3～1.5。

表2-4　以鲤鱼为主养鱼的放养模式

鱼种	放养			成活率/%	收获		
	规格/cm	尾	重量/kg		规格/g	尾	重量/kg
鲤鱼	4.0	8 000	/	90	100	7 200	720
H	4.0	3 400	/	83.5	40	2 840	114
A	4.0	600	/	90	50	540	27
合计		12 000				10 580	861

注：投喂颗粒饲料，CP≥35%，饵料系数1.3～1.5。

三、饲养管理

鱼种阶段的饲养管理主要结合主养鱼类进行，包括：施肥、投饵、适当投喂青饲料。

对于不同主养鱼池要有针对性。

（一）以草鱼为主的池塘

1 龄草鱼生长快，抢食凶，群体间容易因吃食不均匀而造成个体生长差异形成“泡头”。1 龄草鱼食量大，消化率差，生长快的草鱼往往因摄食过多而造成肠炎等疾病，使群体中大个体的鱼种大批死亡。为此，投饲应以抓适口天然饵料、促均匀生长为原则。

（1）抓适口天然饵料：以投青饲料为主，吃天然适口饵料的 1 龄草鱼生长快，规格均匀，成活率较高。结合投喂一定数量的米糠、豆饼、豆渣等精饲料（现用全价配合饲料效果相当好），开始时最好喂芜萍，每天每万尾 20 ~ 25 kg，以后逐渐增加到 40 kg。对于北方芜萍类少，可用鲜嫩的旱草打成草浆（打浆机打浆每天 50 ~ 75 kg/亩，加盐 0.1 ~ 0.25 kg 更好）。20 d 后体长达 6.5 cm 可改喂小浮萍（北方可用切碎的鲜嫩的水、旱草），每天每万尾 60 ~ 70 kg，以后增加到 100 kg。体长达 8 ~ 10 cm 时可喂嫩旱草，对搭配混养的鲢、鳙还必须定期施肥、培养水质，一般每 10 d 左右施一次肥，每次大草 100 ~ 150 kg/亩，或发酵粪肥 100 kg/亩。每亩每天喂精饲料 2 kg，投喂时应在青饲料被草鱼吃光之后 1 h 投喂。

（2）促均匀生长：① 夏花刚下塘后，水质清新，密度稀，要充分利用这一有利条件。采用芜萍促均匀生长，此时芜萍充足供应，吃完再投。② 7 cm 后适当控制吃食量，不吃夜食，这样在 8 月上旬可长至 8 cm 以上。③ 8 月上旬水温高，是草鱼的发病季节，严格控制吃食量。④ 秋分后，鱼病季节已过，鱼需贮存养分越冬，此时需增投精饲料。

（3）采用颗粒饲料：可定期喂药饵，成活率高、生长快、产量高。

（二）以鲢、鳙鱼为主养鱼的池塘

每 5 ~ 7 d 施绿肥 100 ~ 150 kg/亩，发酵粪肥 100 kg/亩，同时每天投精料 2 ~ 3 kg（次粉 + 麸皮），每万尾鱼种需用精料约 75 kg。对于池内搭养的草鱼，每天需喂一定数量的青饲料。

（三）北方以鲤、鲫主养鱼的精养池

采用配合饲料养鱼，要掌握正确的投饵技术，只有这样才能促进鱼类生长，降低饲料系数，从而提高经济效益。

（1）喂高质量的配合饲料：粗蛋白质 35% ~ 38%。

（2）训练鲤鱼上浮集中吃食：鲤鱼夏花下塘后第二天开始训化。

（3）颗粒配备：前期用破碎料 0.5 ~ 1.5 mm 直径，后期用 2 ~ 3 mm 颗粒料。

（4）根据水温、鱼体大小及吃食情况调节投饵量（表 2 - 5）。

表 2 - 5　鲤鱼鱼种的日投饵率 %

水温/℃	体重/g				
	1 ~ 5	5 ~ 10	10 ~ 30	30 ~ 50	50 ~ 100
15 ~ 20	4 ~ 7	3 ~ 6	2 ~ 4	2 ~ 3	1.5 ~ 2.5
20 ~ 25	6 ~ 8	5 ~ 7	4 ~ 6	3 ~ 5	2.5 ~ 4
25 ~ 30	8 ~ 10	7 ~ 9	6 ~ 8	5 ~ 7	4 ~ 5

（四）投饲方法

投喂饲料必须坚持“四定”原则。

（1）定时。即正常天气，每天投喂的时间应相对地固定，从而使养殖鱼养成按时来摄食的习惯。鲤科鱼类多是无胃鱼类，采取多次投喂有助于提高消化吸收率和饲料效率。单养鲤鱼每天投喂6～7次为宜，水温下降，投饵次数可适当减少，养殖生产上，可掌握投饵次数如下：4—5月每天投饵1～2次，6月2～3次，7—9月3～5次，10月两次。在投饵时间上，如果是两次投饵，一般采用上午9时和下午3时是适宜的。如3次投饵，上午为8时30分，中午为12时30分，下午为3时，如4次投饵时，第1次为上午8时，第2次为上午11时，第3次为下午2时，第4次为下午5时。

（2）定量。投喂饲料一定要均匀适量，防止过多过少，以免饥饱失常，影响消化和生长，通常情况下掌握“八分饱”原则，这样有利于降低饲料系数。我国的几种主要养殖鱼类的总投饵率应掌握在3%～6%为宜，当水温15～20℃时，可控制投饵率在1%～2%，水温在20～25℃时，可控制投饵率在3%～4%，水温在25℃以上时，可控制投饵率在4%～6%。

（3）定质。投喂的饲料必须做到新鲜、安全卫生、适口，营养全面、价值高。发霉、腐败变质的饲料不能投喂，以免发生疾病及其他不良影响。

（4）定位。投喂的饲料必须有固定的食场，使鱼养成在固定的地点吃食的习惯。投喂的饲料不可堆积，要均匀地撒开在食场内，或采用固定的投饵机进行投喂，便于各种鱼类都能摄食到。此外，还必须随时观察鱼类的摄食情况、天气变化、水温的高低、水中溶氧状况及pH值变化等，以便及时根据实际情况，调整投饵量。

（五）驯饲技术

（1）准备：驯饲前一天必须停止投饵。

（2）选点：投饵应选在安静、方便处，水深最好为1.5 m左右。

（3）投饵方法：将15～20粒饲料置于手掌心，稍稍用力投撒至选定水面，力求饲料颗粒同时到达水面，分布范围要尽量小，两次之间间隔3～5 s，并保持相同的频率。

（4）驯饲次数：20℃以下时每天3次，20℃以上时每天5次，间隔时间分布均匀。

（5）驯饲时间：第一天第一次驯1.5 h，第二次先驯1 h、停10 min后再驯20 min，第三次1 h，从第二天起每次保证1 h，直到将鱼全部驯至上浮到水表层抢食为止。

（6）驯饲期间不能施肥、用药及投放其他任何鱼食。

四、池塘管理工作（日常管理）

（1）坚持早晚巡塘：注意浮头问题，检查吃食情况、观察水质变化。

（2）适时加水、改善水质：每月2～3次，每次10 cm，热天每周一次。

（3）清除池边杂草、捞出死鱼、防止鱼病传染。

（4）清理食台、食场：一般每2～3 d清理一次，并且每半月消毒一次（每次用漂白粉0.3～0.5 kg挂袋）。每隔20～30 d全池泼洒20～30 mg/L生石灰改良水质。

（5）分期拉网筛选：后期大的选出，大小分养，促平衡生长。

（6）做好记录。

五、并塘越冬

鱼种养到规格后，冬天马上到了，鱼种池是不能越冬的，因此必须将鱼种捕出或放入越冬池或将大规格鱼种直接放入大库，以保证安全越过冬天。

（1）时间：秋天或冬天水温降到10℃左右。

（2）并塘越冬：当水温降到10℃时，选择晴天就可拉网并塘，拉网前3～5 d鱼种停食。在并塘前2～3 d进行一次拉网锻炼，方法是将鱼种放入网箱中暂养，待鱼体色发青，黏液消失为止。鱼种捕出后要筛选，根据种类、规格、体质进行分类。一般每差1.67 cm为一个规格档次，如10～11.67 cm，并入不同的池塘，鱼种越冬一般单养，亩放10～13 cm的鱼种5万～6万尾，即亩放鱼种400～500 kg。

（3）1龄鱼种的计数：入塘前的鱼种要做到心中有数。表示方法可用平均长度或每千克尾数。下塘时鱼种过称，这样鱼种的重量已知（打样后随机抽样100尾），每千克尾数已知，就可知下塘鱼种尾数，同时也为第二年的出售或放养提供可靠的数据。

例：某鱼池共出塘鲤鱼鱼种3 000 kg，经打样（一框25 kg，数后共400尾），则鱼种规格为16尾/kg（8个头），则该池鱼种的尾数为48 000尾。

六、一龄鱼种质量的鉴别

“四看一抽样”：① 看出塘规格是否均匀：均匀好（整齐）。② 看体色：每种鱼都有正常体色，如青鱼青灰色、草鱼淡黄色、鲢鱼银灰色、鳙鱼淡金黄色，如代表色转深（乌黑），是瘦鱼、病鱼。③ 看体表是否有光泽：健康鱼体表有一层黏液起保护作用，呈光泽。④ 看鱼种活动情况：逆水性强，网箱高密度时好鱼种头朝下，只见尾部。⑤ 抽样检查：抽样看每斤的尾数，与相关国家标准比较。

第三节　提高1龄草鱼成活率的综合措施

草鱼是优良养殖鱼类，但其1龄鱼种死亡率过高为其一大缺点。草鱼各阶段成活率如下（一般水平）：鱼苗→夏花70%；夏花→1龄30%；1龄→2龄70%；2龄→成鱼80%。如此看来，从鱼苗到成鱼的成活率仅有10%～15%，而关键在1龄草鱼成活率低，如能够把成活率从30%提高到70%，这样总的成活率可达30%，提高一倍，只要技术得当，这一目标是能达到的。

一、1龄草鱼死亡率高的原因

（1）摄食不均匀，形成“泡头”而亡：贪食→饱食→暴食→死亡，由于食量不均，食多者形成“泡头”易死亡，这样新的“泡头”又出现死亡（金鱼贪食、暴食而死）。

（2）此阶段为草鱼食性转化阶段：浮游动物→草类，这种现象动物界很少。

（3）饲养管理措施失当：① 食台少：造成摄食不均形成“泡头”。② 水质太浓：水质不清新、鱼病增多。③ 饲料变质：青饲料太少，精饲料质量又差，营养缺乏。现在用高质量的颗粒饲料养草鱼成活率可达80%以上。

（4）病较多：草鱼在高温季节是三病的发病高峰（肠炎、出血病、烂鳃病），应注意预防。

二、提高1龄草鱼成活率的主要措施

（1）注意清塘质量：生石灰120～150 kg/亩（1 m水深），平时用生石灰改良水质（20 mg/L），以及漂白粉消毒（1 mg/L），半月一次，交替使用。

（2）主体鱼提早放养：草鱼夏花放养时间比配养鱼提早至少20 d。这样可缓和夏花草鱼和配养鱼之间在饵料、水质、空间上的矛盾。

（3）混养鲤鱼夏花（1 000尾/亩）：目的是：① 限制草鱼吃食量；② 清除残余变质的饵料。

（4）多喂适口的天然饵料或青饲料，促均匀生长：夏花草鱼应在枝角类高峰下塘，最好能在池内培育芜萍或小浮萍。这样多采用青饲料可使摄食均匀，限制“泡头”的形成。

（5）增加食台数量，强化投饵，务求鱼类吃足、吃好、吃匀：草鱼夏花放养后，配养鱼放养前，以青料为主，精料为辅，保证足量食物，不必控制吃食量，要求在配养鱼下塘以前达10 cm，且规格整齐。食台每亩一个。7—8月水温高，需适当控制吃食量，夜间不吃食；9月水温下降，发病期已过，可投足饵料，日夜吃食。

（6）经常拉网筛选的方法：把“泡头”筛选出来，隔离培养，由日本养鳗得到的启示，拉网时应避免受伤，该技术也是养殖大口鲇的主要技术。

（7）经常加注新水，保持水质清新：草鱼喜清新水质，但草鱼食量大，粪便多，水易转肥，故必须经常加水，早期3～5 d一次（每次5～10 cm），7—8月每隔2 d加水一次，入伏后天天加水，每次5～10 cm。同时合理混养鲢、鳙鱼控制水质。

（8）加强鱼病防治：① 夏花下塘前必须采用药物浸洗：大木桶配20 mg/L的高锰酸钾，将夏花草鱼在药中浸洗至浮头受惊吓不下沉为止（20～30 min），连水带鱼放入池中。② 6月底至7月初：草鱼达10 cm开始分养，可注射草鱼出血病组织灭活疫苗，防出血病。③ 7—8月每隔20 d用20 mg/L的生石灰全池泼洒，改善水质，提高pH值防烂鳃病，用1 mg/L漂白粉杀菌，每月喂5～6 d的药饵防肠炎，或用浸泡痢特灵的大麦连续喂3 d防肠炎。

（9）用网箱在大库里培育草鱼鱼种，可提高成活率。

（10）采用高质量的配合饲料养草鱼，在不喂水草的情况下，采用草鱼专用配合饲料主养草鱼夏花亩产草鱼种约1 000 kg，成活率80%以上。

第三章　池塘养殖食用鱼

我国目前养殖食用鱼的方式有：池塘养鱼、网箱养鱼、稻田养鱼、工厂化养鱼、天然水域鱼类增养殖等，其中池塘养鱼占主导地位，特别是在淡水渔业中，其总产量占淡水鱼总产量的75%以上。

池塘养鱼是指在人工开挖或改造的，易于受人为控制的小水体里进行鱼类精养的一种养鱼方式。

第一节　食用鱼养殖概述

一、食用鱼的名称

商品鱼（Marketing fish）、成鱼（Adult fish）、食用鱼（Food fish）都是将鱼种养到供人们食用的规格。

二、提高池塘养鱼产量的技术措施

坚决贯彻、执行“八字精养法”，这是群众多年的经验总结，是群众智慧的结晶，是高产、稳产的保证。八字精养法即：水、种、饵、混、密、轮、防、管。

其中，水、种、饵是高产稳产的物质条件基础；混、密、轮是高产稳产的技术措施；防、管是高产稳产的技术保证。

水：是指环境条件；

种：是指鱼种，包括规格、品种、体质等；

饵：是指饲料，提供充足、营养全面的饲料；

混：是指不同规格、不同年龄的多种鱼在一起养殖；

密：是指密度高而合理；

轮：轮捕轮放；

防：加强鱼病防治；

管：精心、科学的饲养管理措施。

第二节　池塘条件

池塘条件的好坏对产量有直接影响，因为成鱼生理特点和养殖方式与鱼苗、鱼种不同，所以要求的池塘条件也与苗种池不一样。

一、水源及水质

要求注排水方便，水源无毒、清新无污染。江、河、湖、库水为最好。井水较差，含氧量低，温度低，饵料生物少，注排水也受条件的限制，影响鱼产量的提高。

二、池塘的土质

以壤土较好，保水性能好，营养盐类含量多，通气性能好。黏土次之，沙土最差。

三、面积和水深

面积：所谓“宽水养大鱼”就是指池塘面积而言的，以10～15亩为好。

水深：所谓“一寸水一寸鱼”就是指水深而言的。水深为混放密养创造了条件，目前普遍认为水深2～2.5 m生产效果较好。

四、形状和周围环境

形状应整齐，呈东西长、南北宽的长方形为好。东西长有利于接受更多的阳光，对提高水温和浮游生物的生长繁殖有利。此外长方形对拉网等操作有利。

池塘周围不应有遮光、挡风的物体，如大树、房屋等。否则影响光照和风力的作用。池塘中不应有杂草和挺水植物。

五、鱼池的改造

对于新建鱼池，如果是按食用鱼养殖池塘要求兴建的就不存在改造的问题，对那些旧的池塘，其规格不符合现代商品鱼养殖池塘的要求，就需要改造，力求改造后的池塘符合食用鱼养殖池塘的要求，以提高鱼产量。我国对稳产高产成鱼池的要求是：① 面积：10～15亩；② 水深：2～2.5 m；③ 水源：注排水方便；④ 池形整齐，堤埂较高较宽，便于操作，并有一定种植青饲料的面积。

六、池塘的清整

修整、清淤（留5 cm厚）、药物清塘每年一次。

七、盐碱地鱼池的改造

利用盐碱地发展池塘养鱼是盐碱地改造的主要措施，也能高产。注意：施足有机肥、经常加淡水、排底层碱水；高水位压碱，忌用生石灰清塘，最好用漂白粉清塘和治疗鱼病。

第三节 鱼种

要求：数量充足、规格合适、种类齐全、体质健壮、无伤无病。

一、选择优良的养殖鱼类、备有规格齐全的鱼种

品种方面：选择优良的养殖品种，建鲤、彭泽鲫等，生长性状好。

规格方面：要求鱼整齐、规格全、体格健壮、无伤、无病的鱼种。鱼种规格直接影响出塘规格和养殖周期，规格大、周期短，究竟采用什么样的规格与养殖方式又有很大的关系。如采用套养、轮捕轮放等措施，就要求鱼种的规格比较多、齐全，而目前北方地区主养鲤鱼的养殖方式对鱼种的规格要求就比较单一。

一般来讲，放养大规格鱼种是提高产量的措施之一。

轮捕轮放、套养等技术的鱼种规格和出塘规格见表3－1。

表3－1 长江中下游地区池塘养鱼放养规格与出塘规格

鱼类	第一年	第二年	第三年	第四年
	夏花→1龄鱼种	1龄→2龄或食用鱼	2龄→食用鱼或3龄	3龄鱼种→食用鱼
鲢鳙	50～150 g	0.6～1 kg		
	11.5～13.2 cm	0.25～0.4 kg	0.6～1 kg	
草鱼	约50 g	0.5 kg	1.5～2.5 kg	
	11.5～13.2 cm	150～250 g	0.75～1 kg	2～3 kg
鲤	约50 g	0.75～1 kg		
	11.5～13.2 cm	0.5 kg		
鲂	13.2～16.6 cm	0.25 kg		
	6.6～10 cm	0.05～0.15 kg	0.35～0.5 kg	
鲫	10～13.2 cm	0.25～0.35 kg		
	6.6～10 cm	0.15～0.25 kg		
罗非	0.05～0.2 kg	0.25～0.5 kg		
	3.3～10 cm			

二、依靠自己的力量解决鱼种

对于一个渔场要求有一定数量的鱼种池，同时安排好鱼种池与成鱼池的比例，因为鱼种池过少，鱼种数量不足，或规格过小，影响生产；而鱼种过多又影响食用鱼的产量。如无锡地区实行套养，鱼种池与成鱼池比为2∶8，随着套养技术的完善，现为1.5∶8.5。特别是新建的渔场，开始时要自己培育鱼种，若干年后鱼种可自给。

三、放养时间

提早放养鱼种是获得高产的措施之一。

南方在春节前后，越早越好；南方气温高，全年无冰冻，秋、冬成鱼出池后进行清塘，在春节前后就可放养。北方如果条件好，可以秋末、冬初将鱼种放入成鱼池，在成鱼池越冬第二年直接养殖，一般都是春天4月初入塘（冰化开后，水温稳定在5～6℃时即可放养）。鱼种放养必须在晴天进行，严寒、风雪天气不能放养。

第四节　混养密放

一、混养

混养是高产稳产的主要措施之一。

（一）什么叫混养

就是指不同鱼类和同种鱼类的不同规格在同一池塘进行多层次、立体式的一种养鱼方式。

（二）为什么要混养

1. 比较合理而又全面地利用天然饵料

混养的目的就是尽最大限度地利用天然饵料，降低成本，提高鱼产量和经济效益。我们知道主要养殖鱼类的食性是不同的，有经验表明，在池塘里如混养能高效利用底生藻类和有机碎屑的种类——鲮、鲻或罗非鱼，常可使产量提高1/3。

2. 全面地利用水体空间

利用鱼的分层现象，因计算产量是按面积计算的。在全面利用水体的同时，也意味着对饵料生物的充分利用，这也是能进行混养的先决条件。

3. 发挥各种鱼类之间的互利作用

（1）“吃食鱼”与“肥水鱼”之间的互利关系：“吃食鱼”的粪便肥水促进肥水鱼的生长，“肥水鱼”滤食浮游生物、细小的有机物，可防止水质过肥，起净化水质的作用，改良了池塘水质条件，对各种鱼都有好处。

（2）鲤、鲫、团头鲂、罗非鱼与青鱼、草鱼的互利关系：利用草、青鱼的食物碎屑、有机物，清洁了食场，不使残饵腐败变质，鲤等习惯翻松底泥、搅动池水，有助于池底有机物的分解，为浮游生物的繁殖提供了营养盐类。

（3）鲢与鳙之间的关系：鳙主食浮游动物，鲢主食浮游植物，而浮游动物大都滤食水生细菌、微细藻类，因此当大量浮游动物发生时，由于其滤食活动会使水质变清，与鲢争食不利于鲢的生长，因此放养鳙鱼既可增加鳙鱼产量，也有利于水质的相对稳定（限制浮游动物的过渡繁殖，保证鲢有足量的浮游植物），对鲢有利，鲢、鳙鱼比例一般为（3～

5）:1。

（4）罗非鱼与鲢、鳙的关系：它们的食性基本相同，但罗非鱼能利用鲢不易消化的蓝、绿藻类，因为夏天蓝绿藻常会大量繁殖，并且抑制鲢、鳙易消化藻类的生长，因此只要适当控制罗非鱼的放养量对鲢、鳙生长是有利的。

4. 减少鱼病

实践表明，如成鱼池混养1龄草鱼、2龄青鱼其成活率比专池培育高，原因是：① 大鱼控制小鱼的暴食；② 鱼种的密度小（相对专池），个体间相互传染鱼病的机会少。

5. 解决成鱼高产和鱼种不足的矛盾

在成鱼池有计划的混养，可培育出符合要求的各级鱼种（产量越高，需要越多的鱼种，也需要更多的鱼种池），可减少鱼种池，管理上也比较方便。

6. 为轮捕轮放创造条件，提高了鱼产量

多种鱼、多规格的混养，能提高总的放养量，并为轮捕轮放创造条件，可均衡上市，加快资金周转，同时始终保持合适的密度。

（三）混养的原则

1. 根据池塘条件和饵料、肥料条件决定混养水平

池塘大而深的，水体空间大，放养时密度可大些，放养种类、规格可多些。反之可少些。

关于饵料：如采用人工饲料，池塘养殖鱼类都很爱吃，不存在食性的分化，这时放养的种类和规格要少些。所说的食性分化是对天然饲料而言。

2. 在搭配数量上必须主次分明

首先确定主养鱼，饲养管理（如投饵）以主养鱼为主，在养好主养鱼的前提下，带出配养鱼。要求处理好主养鱼与配养鱼之间的比例关系，配养鱼规格大、数量多会影响主养鱼的生长。

如以草、青鱼为主养鱼，一般的做法是：0.5 kg 青鱼可配养 10 ~ 13 cm 的鲤鱼 1 ~ 2 条；0.5 kg 草鱼可配养 13 cm 左右的鲂鱼 4 ~ 5 条。

以鲢鱼为主养鱼时，鲢：鳙的比例为（3 ~ 5）:1。

以鲤鱼为主养鱼时，鲤：鲫 = 3:1 左右（或鲤：罗非鱼 = 3:1）

确定主养鱼的依据是：① 根据鱼种的供应情况及哪种鱼更受欢迎（市场要求）；② 根据池塘条件而下，老池较肥可养鲢、鳙，新池清瘦可养草鱼、鲤鱼；③ 根据饵料和肥料的多少来考虑；④ 根据鱼种的来源，如内地养鲻鱼就不太合适。

3. 正确处理“肥水鱼”和“吃食鱼”的关系

在养好吃食鱼的前提下带出肥水鱼是最经济实惠的方法，但根据河埒口经验，肥水鱼的产量并不是无限增长的。因为浮游生物的产量和补充速度是有一定限度的，因此认为肥水鱼在池塘的最高净产量为 225 kg/亩（完全依靠天然饵料提供的肥水鱼产量）。也就是说，净产 500 kg/亩的池塘，肥水鱼和吃食鱼的放养比例为 1:1；净产 750 kg/亩的池塘此

比例为4:6，保证出塘时鲢鳙产量在225 kg左右。如肥水鱼过多，必然会影响规格。

4. 处理好食用鱼产量和鱼种产量的关系

按毛产量计算，食用鱼和鱼种产量的比例为（7~7.5）:（3~2.5）。

5. 放养量与机械化水平的关系

如净产750 kg/亩的池塘，一般要求6~8亩配一台3 kW的叶轮增氧机，产量越高，需增氧机的功率越大。

二、密养

合理密养是池养高产稳产的重要措施之一。

（一）放养密度

单位水体（面积、体积）里放养鱼种的数量［尾/亩（m^2、m^3、hm^2）或kg/亩（m^2、m^3、hm^2）］。大规格的鱼种用重量表示，而小规格的鱼种用尾数表示。

（二）放养密度与产量的关系

鱼产量=收获时鱼的尾数×每尾鱼在养殖期间的增重

很明显，这两个因素的增加都会增加鱼产量，但这又是一对矛盾和相互制约的因素。密度大：由于饵料、空间、水质的不足和恶劣会影响个体的增重。如只考虑个体增重，势必减少放养密度，这也会降低产量。

故合理密度是池塘养鱼高产的重要措施之一，在合理密度范围内，放养密度增加，单位水体产量增加，超过一定的密度，放养数量增加，产量稍增加，但收获鱼的规格小，再增加放养量，不但规格小，产量也会下降。所以这里所说的合理密度是指在能养成商品规格食用鱼或预期大小鱼种的前提下，产量最高的放养密度。

放养密度受鱼种规格、池塘环境条件、水质、饵料的质量和数量、混养搭配是否合理、机械化程度和饲养管理水平等多种因素所制约，养鱼工作者能根据综合条件调节密度和根据密度改善，创造最佳条件。

（三）饲料是提高放养密度的物质条件之一

对于吃食鱼，天然饵料提供的鱼产量是有限的，因此，密度越大，投饵越多，故在增加放养尾数的同时，必须加大投饵量，产量才能提高。

（四）水质是提高放养密度的物质条件之一

如果放养密度超过合理密度，即使饵料供应充足，也难高产，其主要原因是水质问题。

（1）溶氧是限制放养密度的首要因子：放养过密必然会造成缺氧现象，如溶氧低于2 mg/L，会导致生长速度放慢、饲料系数升高。

（2）鱼池有机物分解的中间产物和水生生物的排泄物是限制放养密度的第二水质因子：它们多以氨和多种形式的有机氮状态存在，这些物质对鱼有较大的毒害作用，放养过密必然使NH_3-N氨量增加。

增加溶氧的方法现在有水泵、增氧机等可提高放养密度，如果能减少或消除氨和有机物分解的中间产物，将会大幅度提高池养单位面积鱼产量。流水养鱼和网箱养鱼之所以高产就是因为水体交换带走了这些有害物质，对于池塘，亩产 800 kg 以上的必须注排水方便。

（五）决定放养密度的依据

决定合理密度要根据池塘条件、鱼的种类与规格、饲料供应情况和管理措施等方面来考虑。

（1）池塘条件：良好的水源、注排水方便，标准池塘，密度可适当大些。

（2）鱼种的种类、规格：混养大于单养。种类上，较大的鱼（青、草）与较小的鱼相比，放养的重量大而尾数少；规格上：大规格鱼种比小规格鱼种放养尾数少而重量大。

（3）饲养管理措施：最为关键，有无增氧机，饲料、肥料供应情况。

食用鱼的放养密度是比较灵活的，生产上要综合各种因素来确定，主要靠经验。一般密度为 1 000 ~ 2 000 尾/亩。

（六）确定放养密度的方法

（1）经验法：根据上一年各种鱼放养量、规格、比例和年底产量，分析对比各类鱼群体产量和个体规格及各类鱼之间的比例关系，根据分析结果结合当年的饲料、鱼种情况的变动来确定该鱼池的放养量。如某鱼池去年养成规格偏小，今年又没有新的措施，就应当将放养密度调低或提高放养规格。反之如偏大，应提高密度或减小放养规格。经过长期的分析对比，可找出本地的合理放养模式。

如精养鲤鱼：放 100 g/尾，1 000 尾/亩→出塘 1 kg/尾，现在鲤鱼在市场上 0.75 kg/尾最好卖。说明：① 密度偏小；② 或规格偏大。那么，第二年就要考虑：① 密度不变，降低规格；② 如规格已定，则提高密度。

（2）计算法：根据本地区在当前的养殖方法下已知的增重倍数、饲料用量，按要求产量计算各鱼的放养量。

例：主养鲤鱼池 10 亩，要求亩产 1 000 kg，套养鲢、鳙鱼种，鱼种产量占 1/4（即鲤鱼 750 kg，鲢、鳙 250 kg），计算各种鱼放养量。

解：① 鲤鱼增重倍数按 10 倍计算，放养规格为 12 尾/kg；则鱼种放养量为 750 kg/亩 ÷ 10 倍 × 12 尾/kg ÷ 90% 成活率 × 10 亩 = 10 000 尾。

②套养鲢、鳙鱼夏花，出塘规格可达 50 kg（20 尾/kg），则套养夏花数量为：250 kg/亩 × 20 尾/kg ÷ 80% 成活率 × 10 亩 = 62 500 尾

鲢: 鳙 = 4: 1，则放鲢 62 500 × 4/5 = 50 000 尾；鳙 12 500 尾。

三、混养类型及放养模式

（1）以草鱼为主的混养类型：长江三角洲地区的模式。

（2）以鲢、鳙鱼为主的混养类型：适合湖南、广东地区。

（3）以草、青并重为主养鱼的类型：江苏无锡为特色。

（4）以青鱼为主养鱼的混养类型：江苏、上海等地，目前可用颗粒饲料。

（5）以鲮、鳙为主养鱼的混养类型：珠江三角洲普遍采用的养鱼方式。

（6）以鲤鱼为主养鱼的混养类型（包括以鲫鱼为主养鱼）：北方地区最常见，投喂颗粒饲料。除搭配鲢、鳙外，还可搭配鲫鱼、团头鲂等。最有代表性的比例关系是“二八原则”，即鲤鱼占80%，鲢、鳙占20%（其中鲢占80%，鳙占20%）。或鲤鱼占80%，鳙占20%（表3－2至表3－4）。

表3－2　以鲤鱼为主养鱼亩产1 500 kg的放养收获模式

鱼类	放养			成活率/%	收获		
	规格/g	尾数	重量/kg		规格/g	尾数	重量/kg
鲤鱼	125	1 000	125	93	1 275	929	1 185
鲫鱼	50	200	10	100	200	200	40
H	100	150	15	95	1 150	143	164.5
A	125	50	6.25	98	1 390	49	68
合计		1 400	156.25			1 321	1 457.5

注：投喂颗粒饲料，CP≥32%，饲料系数1.6～1.8。

表3－3　以鲤鱼为主养鱼亩产1 000 kg的放养收获模式

鱼类	放养			成活率/%	收获		
	规格/g	尾数	重量/kg		规格/g	尾数	重量/kg
鲤鱼	60	900	54	95	900	855	769.5
H	夏花	5 000		80	50	4 000	200
A	夏花	1 000		80	50	800	40
合计		6 900	54			5 655	1 009.5

注：注：投喂颗粒饲料，CP≥32%，饲料系数1.6～1.8。

表3－4　以鲤鱼为主养鱼亩产1 500 kg的放养收获模式

鱼类	放养			成活率/%	收获				
	规格/g	尾数	重量/kg		规格/g	尾数	毛重量/kg	净产量	增重倍数
鲤鱼	129	1 200	154.8	89	1 250	1 070	1 337.5	1 182.7	9.7
H	100	400	40	98	500	393	293.7	233.7	5.0
A	200	100	20	100	1 000	100			
合计		1 700	214.8			1 563	1 631.2	1 416.4	

注：注：投喂颗粒饲料，CP≥32%，饲料系数1.6～1.8。

第五节　轮捕轮放

轮捕轮放是池塘养鱼高产稳产的主要措施之一。

轮捕轮放是指在同一水体里，在一年的饲养周期中，采用多次放养鱼种和多次收获食用鱼的养鱼技术。

通过轮捕轮放可以使池塘经常保持比较合理的饲养密度，使池塘单位面积产量大幅度提高，尤其是亩产超过1 000 kg的池塘，必须采用这一技术。

一、轮捕轮放的原理

放养时：多品种、多规格、多级龄的混放密养，生长一段时间后，由于群体增重，水体里鱼的贮存量达到极限，这时捕出达规格的商品鱼，补放小的鱼种或夏花，从而稀疏密度、降低贮存量，有利于生长，生长一段时间后，再次达到极限时，再次捕大补小。也就是说，轮捕轮放能不断调节水体中鱼的贮存量，使其保持适宜的密度，合理而充分地利用饵料及水体空间。

二、轮捕轮放的优点

（一）调节池塘贮鱼量，常年充分利用水体，有利于鱼类生长

最大贮鱼量：池塘鱼类生长受抑制时的贮存量称为最大贮存量。它与池塘条件和机械化程度等因素有关。据推算：在夏季，没有增氧机、冲水设备的池塘最大贮鱼量为300～400 kg/亩；而当每亩配0.3～0.4 kW增氧机时，为600～700 kg/亩；每亩配有1 kW增氧机时，为850～900 kg/亩；微流水时，可超过1 000 kg/亩。当池中鱼接近最大贮存量时就应轮捕。

（二）有利于解决各类鱼的生长过程中的矛盾，使不利转为有利因素

（1）缓和肥水鱼之间的争食矛盾：6—7月大量起捕鲢、鳙鱼有利于罗非鱼、白鲫的生长，同时也有利于小规格鲢、鳙鱼的生长。

（2）草与青鱼：上半年水质清新、草类鲜嫩，适合草鱼生长，从7月开始，青鱼进入生长旺季，水质变浓，不利于草鱼生长，此时将1.5 kg以上的草鱼捕出，有利于小规格草鱼、团头鲂和青鱼的生长。

（三）有利于鱼种的生长

捕大后，有利于补放的小规格鱼种和夏花的生长，从而培育出大规格鱼种。

（四）有利于均衡上市和资金的回收周转

6—10月都有鲜活鱼上市，即满足市场需要，生产单位又及时回收了资金。

三、轮捕轮放的技术要点

（1）轮捕对象：以鲢、鳙、草鱼为主，用网目控制。

（2）轮捕次数：与鱼种的放养量、生长期的长短、鱼产量的高低有关。两广地区生长期长，大都轮捕6～8次；江、浙地区4～5次。此外如鱼种放的多，要求产量高，轮捕次数也要相应增加。

（3）轮捕轮放的方法：① 捕大留小。一次放足鱼种、分批捕出达规格的食用鱼，让较小的鱼留在池塘里继续饲养，当中不补放鱼种。② 捕大补小。分批捕出达食用规格的商品鱼后，同时补放鱼种（或夏花），这是比较常用的方法，补放鱼种的规格视生产的目的而定，如需要下一年的大规格鱼种，可补放小的鱼种，如需养成商品鱼则补放大规格鱼种；当然这还要根据大规格鱼种的供应情况而定。如果补放的是夏花，在生产上称之为“套养”，在控制其密度的情况下，或养成大规格鱼种或养成冬片鱼种。

第六节　施肥和投饵

任何动物的生长发育都离不开食物，养鱼要取得好的成效，也离不开施肥、投饵。而从养鱼效果上看，投饵对加速鱼类生长和提高鱼产量的作用胜于施肥。

一、施肥

基肥：以有机肥为主，一次施足。追肥：有机肥与无机肥混合使用，少量多次。

二、投饵

（一）坚持“四定”原则

采用配合饲料养鱼，要掌握正确的投饵技术，只有这样才能促进鱼类生长，降低饲料系数，从而提高经济效益。

（二）投饵技巧

（1）必须事先对鱼类进行驯饲，将鱼类训练成上浮抢食，具体方法见后面详述。

（2）用手撒投饵方法时，要一把一把地撒，按“慢—快—慢、少—多—少”的规律进行投饵，即当鱼群还未全部聚集时要慢撒少投，当鱼群集中时应快撒多投，当鱼群大部分吃饱后慢慢离去时则又应慢撒少投，每次投喂持续 20 ~ 30 min，鲫鱼应在 40 ~ 60 min。

（3）看水、看天、看鱼调节投饵量：投饵后很快吃完（20 ~ 30 min），适当增加投饵量，如较长时间吃不完，则应减少投饵量；天气晴朗多投饵，阴雨天少投饵，天气闷热欲下雷雨应停止投饵，雾天气压低，需雾散后投饵；水色好、肥爽正常投饵，水色淡增加投饵，水色浓减少投饵并加注新水。

（4）喂鱼的季节：一年中掌握“早开食、晚停食、抓中间、带两头”的原则。鲤科鱼类水温达 7 ~ 8℃时开始摄食，但食欲不旺，应少量投喂一些广蛋白的饲料，目的是恢复越冬期间的亏损（早开食）；水温达 15℃时食欲渐强，特别是水温 25 ~ 28℃是鱼群生长最旺、饲料系数最低的时刻，应抓紧机会强化投喂，以保证达到计划鱼产量（抓中间）；当水温降到 14℃以下时，食欲减退，这时减少投食量，同时全部改用精饲料，目的是对于出塘的商品鱼起催肥作用，增加鱼体含脂量（鲤科鱼类 14℃时开始蓄积脂肪），提高食用价值，对于培育的鱼种则可增加体质，保证较高的越冬成活率（晚停食），一直喂到商品鱼出塘或越冬为止。

（三）如何降低饲料系数

饲料成本占养鱼成本的70%以上，降低饲料系数就能降低成本，提高经济效益。

（1）改善池塘水质状况：① 增加溶氧。溶氧低于4 mg/L饲料系数会明显升高。② 降低分子氨。鱼的代谢废物都排在水中，会逐步积累，分子氨的积累就会影响鱼类摄食和生长，提高饲料系数。可用中午开机、沸石等降氨。

（2）选择优良品种和适宜的规格：① 种类：建鲤、镜鲤、彭泽鲫等新品种对饲料消化率高，利用好。② 规格：规格越小，饲料系数越低。

（3）正确的投饵方法和数量：坚持“四定”投饵，掌握“八分饱”原则，一般掌握在鱼体重的3%～6%，根据水温进行调整，投料要均匀，少量多次，日投喂4～6次，低氧时少喂，最好使用投饵机。

（4）加强鱼病防治：定期进行水体消毒，防止鱼病的发生。

（5）选择适口的饲料：选择嗜口性好，沉降速度适中的饲料，根据鱼体规格选用颗粒直径（表3－5）。

表3－5　鲤鱼颗粒直径的选择

体长/cm	4.7～7	7～10	10～16	16～25	
体重/g	3～8	8～15	15～70	70～300	300以上
颗粒直径/mm	2.0	2.5	3.0	5.0	6.0

（6）使用高品质的饲料：选择营养、氨基酸均衡、维生素、无机盐含量充足的饲料。

第七节　池塘管理

随着技术的发展，产量越来越高，对管理要求更加严格，可以说养鱼要想取得好的经济效益，管理占60%。

一、调节溶氧和防止鱼类浮头

（一）浮头的预测

（1）根据天气情况进行预测：夏季白天温高，在下午或傍晚气温下降快，对流提前易浮头（如傍晚下雷阵雨、白天南风夜间改北风）；连续阴雨天白天产氧少；久晴大量施肥、投饵，水肥，突遇阴雨天，耗氧不变而产氧量下降易浮头。

（2）随季节预测浮头：春末夏初，水逐渐变肥，鱼对低氧还不适应，易产生“暗浮头”，渔民称“冷瘟”，影响生长甚至死鱼，此外还有南方的梅雨季节，北方春夏之交的寒流。

（3）观察水质进行预测：水质浓或有大量水华的鱼池，如遇水色突变（“转水”），浮游生物大量死亡，消耗氧气和产生有毒物质，易浮头。

（4）检查鱼的吃食情况进行预测：草鱼最易观察。

（二）预防浮头或减轻浮头的方法

根据上述预测，在未浮头前采取措施可减轻浮头程度或防止浮头的发生。

（1）停止施肥，控制吃食：鱼饱食后对氧的需要量大，容易浮头，且对低氧的忍耐力弱，浮头易死亡（浮头死的鲤鱼都是个体较大者，且喂颗粒饲料的鲤鱼比鲢鱼易死）。

（2）加“太平水”：加水要在上午进行，严禁傍晚加水，以免提前对流。

（3）利用增氧机增氧，中午开机，提前对流。

（三）浮头轻重的判断

浮头对生产的影响在于能否及时发现浮头和及时采取措施。判断浮头轻重的方法见表3－6。

表3－6 浮头轻重的判断

项目	轻	一般	较重	严重	泛池
鱼类动态	罗非鱼、鳊、杂鱼、虾	鲢、鳙	青鱼、草鱼	鲤鱼、鲫鱼	
浮头开始时间	早上、黎明浮头	黎明前后	下午2—3时	半夜或上半夜	
浮头位置	鱼在中央、上风	中央上风	中央	全池散开，青草鱼搁浅	开始死鱼
受惊反应	稍受惊即下沉	受惊即下沉	下沉	受惊后不下沉	
体色	正常	正常		变浅	

注：① 青鱼、草鱼、鲤鱼在饱食情况下比鲢、鳙先浮头；② 第一次暗浮头要特别小心，必须及时采取增氧措施；③ 罗非鱼对缺氧敏感，但耐低氧能力很强；④ 鲢、鳙鱼体侧游，严重时在水中转圈。

（四）浮头的解救

鱼类开始浮头至死亡的时间是较短的，7月以前浮头后1 h就要死鱼；7—8月浮头后2 h开始死鱼。因此抢救的成败在于及时发现浮头。

（1）如浮头刚开始，可及时打开增氧机或用水泵加新水，至日出后停机，起“救鱼”的作用。

（2）严重浮头时切勿使鱼受惊：不要急于捞死鱼或有的渔场把人赶下去增氧都是不可取的，应调增氧机、水泵或采取急救措施；然后才能捞取失去平衡的鱼放在溶氧高的水中抢救。泛池死鱼浮在水面上的时间不长即沉入水底，隔一段时间（10～12 h）再上浮，此时已腐烂无法食用。据经验泛池后捞出的死鱼约占死鱼总数的50%左右，另50%沉底，因此上午日出后应拉网取出。

（3）急救措施。① 沸石：5 kg/亩；食盐：5 kg/亩；生石灰：20 mg/L。② 过氧化钙：可改良水质，消除硫化氢，5～12 mg/L可抢救“泛塘”，30 mg/L为改良水质浓度。1 kg产氧220 g，维持10 d。③ 双氧水：0.5 kg/亩可治浮头，速效，1 kg（30%工业用）产氧141 g。④ 过硫酸铵：1 kg产氧70 g，还生成硫酸铵580 g，起增氧、肥水作用。用量10 mg/L，持续产氧7～10 d。⑤ 复方增氧剂：过碳酸钠 $2Na_2CO_3 \cdot 3H_2O$ + 沸石粉，用量30～40 mg/L，30 min后可平息浮头。

二、怎样合理使用增氧机

合理使用增氧机可以增加水体溶氧，改善池塘环境条件，可以增加鱼类摄食量，降低饲料系数，从而增加鱼产量，提高经济效益。使用增氧机可增产13%左右。

（一）增氧机的种类

叶轮式、水车式、射流式和喷水式等，从精养鱼池防止浮头的效果看以叶轮式增氧机最好。

（二）增氧机的作用

（1）搅水：使池塘上、下水层对流，使池底有机物分解，减轻第二天浮头程度或防止浮头，改善溶氧状况。中午12至下午2时开机1～2 h。

（2）机械增氧：叶轮式增氧机每千瓦每小时向水中增氧约1.5 kg。如每亩配1～1.5 kW增氧机时，开机3 h可使溶氧从1.4 mg/L升到2.6 mg/L。生产上以2 mg/L为开机警戒线。

（3）曝气作用：使有害气体逸出到空气中，如硫化氢、氨气等。

（三）合理使用增氧机（三开二不开）

（1）最好夜间在池鱼浮头前开机，即溶氧2 mg/L左右，当池中野杂鱼和虾开始浮头时开机，防止鱼类浮头。

（2）阴天或阴雨半夜或清晨开机：阴雨天白天光照强度不足，造成产氧量不够，夜间继续下降，易缺氧。

（3）晴天中午开机：夏天晴天中午表层水中溶氧过饱合，而底层溶氧仅1 mg/L，这时开动增氧机，使上、下水层对流，可提高底层的溶氧水平，此外，高产池分子氨很高（有毒），分布正好与溶氧相反，开机后使之均衡也有利于浮游植物光合作用所利用。有利于鱼类的摄食和生长，同时也能使有害气体扩散到空气中。

（4）鱼类生长季节天天开机：7—8月是鱼类生长最快的季节，此时投饵量很大，水质很肥，温度升高，鱼和其他水生动物的耗氧率增加，如缺氧极易造成事故，影响鱼类生长，升高饲料系数。

（5）夜间开机时必须到早上日出后鱼离开方可停机。

（6）晴天傍晚不开机。

（7）阴雨天中午不开机。

第八节　精养鱼池的水质及调控技术

一、底泥

底泥是由残饵和鱼类粪便等有机颗粒物沉入水底及死亡的生物体遗骸发酵分解后与池底泥沙等物混合而成。底泥对水质的影响包括以下几方面。

（1）增加耗氧量：底泥中包含有多种有机物质，当其产生化学分解，加上池水中耗氧生物的呼吸作用，就会大大增加底泥耗氧量。

（2）产生有毒物质：在底泥的有机物分解过程中，会产生氨、甲烷、硫化氢等有毒物质，甲烷不溶于水，故可经常在鱼池中见到水底向水面冒气泡现象。

生产实践证明，鲢、鳙、罗非鱼池底泥厚度在 20～40 cm；草、鲂、鲤鱼池底泥以 0～15 cm 为宜。

二、氨氮

（一）氨氮来源

水体中氨氮的主要来源是沉入池底的饲料，鱼排泄物、肥料和动植物死亡的遗骸。鱼类的含氮排泄物中约80%～90%为氨氮，其多少主要取决于饲料中蛋白质的含量和投饲量。如输入饲料氮中25%为鱼体保留，75%被排到水体中，其中溶解性氨氮约占62%。当投入1 kg含32%蛋白质饲料时，氨氮量为 1 000 g×0.32/6.25×0.62＝31.7 g（氮），也就是投喂1 kg饲料就有31.7 g（氮）作为氨氮释放到水体中。据报导：鳗鱼和斑点叉尾鮰由于投喂高蛋白饲料，每千克饲料可释放到水体中氨氮分别为52.6 g和38.6 g。从而可以说明，由于鱼类需要蛋白质不同，释放到水体中的氨氮量也不同，投喂高蛋白饲料释放到水体中氨氮量也高，造成水体污染越严重。

（二）氨氮对鱼类的毒害作用

鳜鱼养殖的氨氮浓度应控制在0.032 mg/L以下，鲤科鱼类应控制在0.05～0.1 mg/L。当氨氮达到0.05～0.2 mg/L时，鱼生长速度都会下降，如斑点叉尾鮰在含有0.05～1.0 mg/L NH_3-N 的水体中生长，产量呈线性下降，当浓度达0.5 mg/L时，生产量减半。欧洲内陆渔业咨询委员会认为氨氮应控制在0.021 mg/L以下，美国环境保护署规定的水生环境中氨氮的安全标准为0.016 mg/L。

（三）影响氨氮毒性的因素

氨氮毒性与池水的pH值及水温有密切关系，一般情况，温度和pH值愈高，毒性愈强。这也是鱼类为什么在夏季，当池水中pH值超过9时，易发生氨中毒的原因所在。

（四）控制池水中氨氮的具体措施

（1）增氧：① 用增氧机：中午开增氧机1～2 h，以便池水上下交流，将上层溶氧充足的水输入底层，并可散逸氨氮与有毒气体到大气中。② 抽出底层水20～30 cm，并注入新水。③ 使用增氧剂，泼洒双氧水、过氧化钙等。

（2）使用氧化剂：用次氯酸钠全池泼洒，使池水浓度为0.3～0.5 mg/L；或用5%二氧化氯全池泼洒，使池水浓度为5～10 mg/L。

（3）泼洒沸石或活性炭：一般每亩分别用沸石15～20 kg和活性炭2～3 kg，可吸附部分氨氮。

（4）使用微生物制剂：用光合细菌全池泼洒，使池水浓度为1 mg/L，每隔20 d左右泼洒一次，效果较好。

（5）大水面（50 亩以上鱼池）可种植水生植物如水葫芦、水花生等，可占全池面积 1/100，以吸附氨氮等有毒物质。

三、亚硝基态氮（NO_2-N）

（一）来源

它是有机物分解的中间产物，故 NO_2-N 极不稳定，它可以在微生物作用下，当氧气充足时转化为对鱼毒性较低的硝酸盐，但也可以在缺氮时转为毒性强的氨氮。温度对水体中硝化作用有较大影响，因不同的硝化细菌对温度要求不同，硝化细菌在温度较低时，硝化作用减弱，在冬季几乎停止，氨氮很难转化为 NO_2-N，因而氨氮浓度较大。当温度升高，硝化细菌活跃，硝化作用加剧，可将氨氮转化为 NO_2-N，当浓度增高到一定程度，可引起褐血病。

（二）对鱼类的毒害作用

NO_2-N 能与鱼体血红素结合成高铁血红素，由于血红素的亚铁被氧化成高铁，失去与氧结合的能力，致使血液呈红褐色，随着鱼体血液中高铁血红素的含量增加，血液颜色可以从红褐色转化呈巧克力色。由于高铁血红蛋白不能运载氧气，可造成鱼类缺氧死亡。

当超过 2.5 mg/L 时，鱼体的生理代谢功能不足而出现中毒症状。试验表明，鲢鱼、鲤鱼、罗非鱼的安全浓度为 2.4 mg/L、1.8 mg/L 和 2.8 mg/L，可见鲤鱼对亚硝酸态氮的耐受力较低，这与鱼池中出现的实际情况相吻合。

（三）控制池水中亚硝酸态氮的具体措施

（1）开增氧机。

（2）使用增氧剂：每亩用双氧水 300 ~ 500 mg，加水冲稀后全池泼洒，隔一天重复一次。

（3）使用氯化钠和碳酸钙、硫酸亚铁：每亩用 8 ~ 10 kg 氯化钠和少量的硫酸亚铁和碳酸钙。

（4）使用沸石和活性炭：每亩使用沸石 15 ~ 20 kg 或活性炭 1 ~ 2 kg，全池泼洒。

（5）使用微生物制剂，光合细菌：使池水浓度为 1 mg/L，全池泼洒，隔 15 ~ 20 d 重复一次。

四、硫化氢

（一）硫化氢对鱼类的毒害作用

养殖水体中硫化氢含量达 0.1 mg/L 就可影响幼鱼的生存和生长，当达到 6.3 mg/L 时可使鲤鱼全部死亡。中毒鱼类的主要症状为鳃呈紫红色，鳃盖、胸鳍张开，鱼体失去光泽，漂浮在水面上。

（二）控制硫化氢具体措施

提高水中含氧量，严重的鱼池可每亩泼洒 300 ~ 500 mL 双氧水；使用氧化铁剂，每亩放入一定量的铁屑。

五、酸碱度（pH 值）

池水中的 pH 值过高或过低，对鱼类生长均不利，pH 值低于 4.4，鱼类死亡率可达 7%～20%，低于 4.0 以下，全部死亡；pH 值高于 10.4，死亡率可达 20%～89%，高于 10.6 时，可引起全部死亡，鱼类生长最适宜 pH 值为 7.5～8.5。

（一）调高 pH 值的具体措施（池水 pH 值过低时）

（1）用生石灰调节：每次每亩用 10～15 kg，根据 pH 值高低适量使用。

（2）用氢氧化钠调节：施用时要注意少量多次。方法：先调配成 1/100 原液，再用 1 000 倍水冲稀，然后一边加水一边泼洒，以避免引起局部碱中毒。

（二）池水 pH 值过高（碱性水）

（1）不宜施用生石灰清塘。

（2）施用明矾：池水中浮游生物太多，每亩可用明矾 0.5～1 kg 加以控制，以避免 pH 值增高。

（3）用盐酸：根据 pH 值的高低，全池泼洒盐酸，一般每亩用 300～500 mL，必须充分冲稀后全池泼洒，以避免局部酸中毒。

六、调节、控制水质的措施

调节和控制水质的主要措施是合理的施肥和及时加注新水。其过程是水质浓加注新水；水质淡施肥，施肥后水转浓再加水。但施肥量和注水量要灵活掌握。

（一）施肥

施肥既可肥水，同时有机肥分解又要消耗氧气而恶化水质，所以要讲方法，减少消极的作用。

（1）基肥足：食用鱼池施肥时间灵活，可冬可春施用。冬季水温低，溶氧高、耗氧因子少，故大量施用基肥对鱼影响不大，用量为全年用量的 40%～50%。

（2）春肥补：5 月浮游生物大量繁殖，鱼的摄食明显增长，即将进入浮游生物生长高峰期，此时应补施肥料，少量多次，占总量 20%～25%。

（3）夏肥控：7—8 月处于高温季节，是投饵量最大的时期，耗氧量大，一般精养池基本不施肥，如水质较淡，施肥量也要少量多次或用化肥，施肥量约占总量的 10%。

（4）秋肥勤：9—10 月正值秋高气爽，投饵量已逐渐下降，此时要次多量少勤施肥，保持水质肥沃，保证鱼类后期长得肥满，施肥量约占总量的 20%～25%。

（二）加水

加水是调节、改良水质最有效、最主要的措施。加注新水可以带进氧气和池水中缺乏的某些营养物质，亦冲淡了池水中新陈代谢的产物（如氨氮），加速了生物的新陈代谢，消除了不利影响，同时亦提高稳定了池塘溶水量，增加鱼类在池塘内的活动空间。具体做法是：

（1）春水浅：春天放鱼种时水深约 1 m，水浅易肥，水温容易升高，也有利于今后加水。

（2）夏勤加：为调节水质，进入 5 月要勤加水，在 6 月底使水深加至约 2.5 m，以后每隔 10 d 加水一次，每次 15 ~ 20 cm。

（3）秋保水：9—10 月鱼体已长大，要求活动空间大，应保证水位稳定，不能下降。

（三）调节水质的其他技巧

（1）用生石灰清塘和调节水质，保持池水呈弱碱性。技巧：不要超量用生石灰；不要连续用；正确方法是每亩每次施生石灰 7.5 ~ 10 kg 为佳，半月至 20 d 一次为好。

（2）池底淤泥保持适当厚度（25 ~ 30 cm）。鲤鱼喜欢翻掘底层淤泥，如淤泥过厚，淤泥中大量有机物和有害物质会随鲤鱼翻掘溶入水中，引起水质恶化。可定期人工搅动底泥，每两周一次，方法是中午用长柄耙搅松池底。有利于改善池水中的氧气状况。

（3）养一定比例的鲢、鳙鱼调节池水肥度：鲢：鳙 = 8∶2。它们与主养鲤鱼的比例 2∶8。通过鲢鳙滤食浮游生物，降低池水肥度，促进鲤鱼的生长。

（4）适量施化肥：夏季要停用有机肥，适量追施化肥，促进浮游植物的生长繁殖。技巧：池水偏碱宜用酸性肥如硫酸铵、过磷酸钙；池水偏酸宜用碱性肥如碳酸氢铵。一般每亩鱼池用尿素 1.5 kg，过磷酸钙 5 kg，每 7 ~ 10 d 一次，可使天然饵料生物保持较大数量和较理想的种类组成。

（5）掌握适当的投饵量：鲤鱼很贪食，大量吃食后水易肥，引起水质变化，要掌握“八分饱”原则，让鲤鱼保持一定的食欲。这样做既节省饲料，又不至于污染水质。

（6）池水要常更新，保持一定的透明度：高温季节，每周换水一次，每次换水量超过池水总量的 1/3。平时定期测量池水的透明度，以不低于 25 cm 为宜，低于此值时及时加水。加水可带进氧气和老水中缺少的某些营养元素，冲淡水中的有机物质以及一些有毒的代谢物。

（7）合理利用增氧机：增氧、暴气。晴天中午开机暴气、对流，阴天次日清晨开机，阴雨连绵或水肥鱼多时，半夜开机，傍晚不宜开机。

（8）防治鱼类氨中毒：发生在晴天午后，鱼呼吸急促、乱窜乱游，有时浮上水面，继而呼吸减慢，鱼体仰浮，不久死亡。用克铵灵 10 mg/L 每日一次，连用 3 ~ 10 d。

（9）施药净化水质：调节 pH 值、增氧、净化水质、降低氨氮。

七、常用的水质改良剂

（1）生石灰：可沉淀、澄清水质，加速水质净化，改良水质 20 mg/L，清塘 75 kg/亩。

（2）过氧化钙：放氧、除氯、阻止硫化氢的产生。

（3）氧化铁和氧化亚铁：与硫化氢结合成为无害的硫化铁，改良水质，使换水量减少 80%。

（4）三氯化铁：0.1 ~ 0.25 mg/L 可螯合水中重金属离子。

（5）EDTA 二钠：虾、蟹育苗专用水质改良剂，主要是降解水体中有毒金属离子的毒性。

（6）明矾：澄清水质。

（7）聚合硅酸钠：又称水净剂，商品名“魔水”。500 mg/L 可澄清水质，防酸性化，持续 6 个月。

（8）硫代硫酸钠：用于去除水中的氯。

（9）沸石：可吸附氨氮，改善溶氧状态，常在虾池中使用。对虾池改良底质：100～200 kg/亩。鱼塘 5 kg/亩，约 10 d 一次。

（10）活性炭：可吸收亚硝酸盐类，用于养鳗池每亩每米水深用量 4 kg，每月一次。

（11）其他：漂白粉、高锰酸钾都能与池水中氨氮、亚硝酸盐、有机物反应，也可作为水质改良剂。

八、常用的化学增氧剂

（1）过氧化钙（CaO_2）：1 kg 产氧 220 g，还可改良水质，降氨，调 pH 值；缓释。施 30 mg/L，23℃时可持续放氧 10 d，5～12 mg/L 可抢救泛塘，改良水质的浓度为 30 mg/L，能降氨、消除硫化氢，澄清水质，降低耗氧量，促进浮游植物光合作用，升 pH 值。

（2）双氧水（H_2O_2）：1 kg 产氧 141 g（30% 工业用），快释，无其他作用。7 mg/L 可使水中溶氧升高 1 mg/L，30% 双氧水，500 g/亩可用于抢救泛塘。运观赏鱼时：0.5～1 mg/L，3% 双氧水以增氧。

（3）过硫酸铵：1 kg 产氧 70 g，缓释，起施肥作用。当投入 10～15 mg/L 过硫酸铵，水温 10～15℃时，可使水中溶氧升高 1.5～5 mg/L，持续 7～10 d。

（4）鱼浮灵：是一种过氧化物。① 速效型：含氧 10%，放氧快，4～6 h，用于急救，用量 1 kg/亩，局部用，每千克放氧 140 L。② 长效型：含氧 5%，放氧慢，用于改良水质，每千克放氧 70 L。

（5）过碳酸钠：30 mg/L 可解救浮头。

附录　关于《生产实习总结报告》的要求

1. 目的

《生产实习总结报告》是学生在实习结束时写出的业务报告。通过写总结报告，使学生将实习获得的感性知识加以条理化、系统化，进而由感性上升为理性，更加扎实地掌握所学知识和生产技术；通过写总结报告，培养学生归纳整理数据，逻辑思维的能力，同时锻炼学生文字表达能力和学术论文写作能力，通过写总结报告对学生进行全面严格的训练。

2. 内容

《生产实习总结报告》的内容包括两大部分：全面的生产实习总结和专题总结报告，前者就是要将生产实习的主要生产环节及各环节的技术关键加以总结，从中找出规律性，考查学生实习的广度。后者就是要将实习中科学实验或探讨较深的问题加以详细地阐述，若是科学实验，要以实验报告的形式写出；若是就某个问题的探讨，可以结合实际写成述评或其他论文形式，这一部分考查学生实习的深度。

实习报告通常应包括下述几个部分：

（1）前言（引言）

（2）材料和方法

（3）结果

（4）讨论

（5）小结（结论）

（6）参考文献

3. 要求

写《生产实习总结报告》时应注意下列几点：

（1）报告要具有科学性、严密性、逻辑性，重点突出、中心明确、概念清楚；

（2）文字简练、字迹工整、绘图及符号标准化、正规化；

（3）《生产实习总结报告》总字数应达到5 000字以上；

（4）实习报告评定成绩，纳入实习总分。

第三部分　相关国家标准

一、鲢鱼、鳙鱼亲鱼培育技术要求

中华人民共和国水产行业标准 SC/T 1014－1989　代替 GB/T 11769－89

1　主题内容与适用范围

本标准规定了鲢鱼（*Hypophthalmichtys molitrix*）、鳙鱼（*Aristichthys nobilis*）亲鱼培育条件、放养要求与饲养管理技术。

本标准适用于作为人工繁殖的鲢鱼、鳙鱼亲的池塘培育，其他方式培育鲢鱼、鳙鱼亲鱼亦可参照执行。

2　引用标准

TJ 35 渔业水质标准。

3　培育池

3.1　面积、位置

培育池的面积以 2～4 亩为宜。位置应处于注排水方便，靠近产卵池和环境安静的地方。

3.2　水深、水质

培育池的水深，常年保持 1.5～2.5 m。我国北方寒冷地区，人工繁殖前，可采取降低水位的方法提高水温。培育池的水质符合 TJ 35 的要求，晴天中午池水的透明度要求保持在 20～25 cm。

3.3　修整和清池

培育池每三年修整一次，清除多余的淤泥，修整池埂。1～2 年用生石灰或漂白粉清池消毒一次。

4　亲鱼放养

4.1　放养时间

人工繁殖前，应制订池塘的清理、亲鱼周转和放养计划，使产后亲鱼及时按计划定池放养。如需调整，宜在水温 10℃左右时进行。

4.2　放养数量

白鲢一般每亩放养 100～150 kg，鳙鱼每亩放养 80～100 kg；雌雄搭配为（1∶1）～1.25。

4.3 放养方式

采取主养亲鱼和不同种的后备亲鱼混养方式。主养鲢鱼亲鱼池搭养鳙鱼后备亲鱼2~3尾，主养鳙鱼亲鱼不搭养白鲢。为了清除鲢、鳙亲鱼培育池中的水草、螺蛳和野杂鱼，可搭养适量草鱼、青鱼和其他肉食性鱼类。

5 施肥与投饲

5.1 施肥

5.1.1 肥料种类

5.1.1.1 有机肥：经发酵处理的畜、禽粪肥，绿肥（无毒的陆生草类）。

5.1.1.2 无机肥：氮肥、磷肥。

5.1.2 施肥方式与用量

5.1.2.1 基肥：清池后，亲鱼放养前7~10 d，每公顷施粪肥1 500~2 250 kg、绿肥3 000~3 750 kg。

5.1.2.2 追肥：根据水的肥瘦变化，做到少量、多次及时追肥。绿肥可采用池塘边角混合堆泡方式；如用粪肥，也可采用水浆泼洒方式。追肥量根据水的肥度灵活掌握。无机肥料目前多采用尿素和过磷酸钙，采用水溶液泼洒方式，一般每公顷一次用尿素37.5 kg，过磷酸钙75 kg。

5.2 投饲

主养鳙鱼亲鱼池，除保持肥水外，辅助投喂适量的精饲料。

6 日常管理

6.1 巡池

要做到每日早、晚两次巡池，以便观察情况，发现问题，为施肥调节水质和防病提供依据。

6.2 调节水质

培育期间要适时加注新水，或更换部分池水。加水或排水时，要防止野杂鱼进入培育池。

6.3 流水刺激

产前一个月内，每周冲水一次，以流水刺激促进亲鱼性腺发育成熟。流水刺激每次控制在2~4 h。为保持肥水，可抽本池水冲回本池或相邻两池互相冲水。

6.4 防治鱼病

积极采取预防措施，发现鱼病及时治疗。

附加说明：

本标准由农业部水产司提出。

本标准由中国水产科学研究院长江水产研究所归口。

本标准由中国水产科学研究院长江水产研究所负责起草。

GB/T 11768－89（鲢鱼、鳙鱼亲鱼培育技术要求）调整为本行业标准。

本标准主要起草人：傅朝君。

二、鲢、鳙鱼催产技术要求

中华人民共和国水产行业标准　SC/T 1015－2006
代替 SC/T 1015－1989

1　范围

本标准规定了鲢（*Hypophthalmichthys molitrix*）鳙（*Aristichthys nobilis*）催产的环境条件，亲鱼选择、催产剂的使用及人工授精方法。

本标准适用于鲢、鳙人工催产与人工授精。

2　规范性引用文件

下列文件中的条款通过本标准的引用而成为本标准的条款，凡是注日期的引用文件，其随后所有的修改单（不包括勘误的内容）或修订版均不适用于本标准，然而，鼓励根据本标准达成协议的各方研究是否可使用这些文件的最新版本。凡是不注日期的引用文件，其最新版本适用于本标准。

GB/T 5055 青鱼、草鱼、鲢、鳙、亲鱼

GB 11607 渔业水质标准

3　环境条件

3.1　催产季节

春末夏初，当水温回升并稳定在18℃以上时，方可进行人工繁殖，不同地区的人工繁殖季节见表1。

表1　不同地区的人工繁殖季节

地域	人工繁殖季节
珠江流域	4月上旬至5月中旬
长江流域	5月上旬至6月上旬
黄河流域	5月中旬至6月下旬
黑龙江流域	6月中旬至7月中旬

3.2　催产水温与水质

鲢、鳙催产的水温为18～30℃，适宜水温为22～28℃，水源充足，水质应符合GB

11607 的规定。

3.3　产卵池

各种类型的产卵池，应保持 1 ~1.5 m 水位和一定的水交换量。

4　繁殖亲鱼的选择

4.1　亲鱼质量

鲢、鳙亲鱼质量应符合 GB/T 5055 的规定。

4.2　雌亲鱼的选择

4.2.1　外观选择

性成熟雌鱼的腹部膨大，有明显的卵巢轮廓，泄殖孔附近饱满松软，有弹性，泄殖孔微红，不突出。

4.2.2　挖卵检查

用挖卵器伸入亲鱼泄殖孔，挖取少许卵粒，置于培养皿中或载玻片上观察，成熟卵粒分散，大小整齐、饱满。再滴加卵球透明液（参见附录 A），经 2 ~3 min 后观察，全部或绝大多数卵核偏位。

4.3　雄亲鱼的选择

轻压雄鱼后腹部，有乳白色精液从泄殖孔流出，遇水后迅速散开。

4.4 配组

雌、雄亲鱼比例为 1:(1 ~1.2)。

5　催产剂的使用

5.1　催产剂的种类

常用鲢、鳙催产剂有：

——鱼用绒毛膜促性腺激素（HCG）；

——鱼用促黄体素释放激素类似物（促排卵素 2 号 LRH - A_2、促排卵素 3 号 LRH - $A_{3;}$）；

——多巴胺受体拮抗物地欧酮（DOM）。

5.2　催产注射液的配制

5.2.1　鱼用绒毛膜促性腺激素注射液

用 0.8% 生理盐水溶解后稀释即成，现配现用。

5.2.2　鱼用促黄体素释放激素类似物注射液

用 0.8% 生理盐水溶解后稀释即成。

5.2.3 多巴胺受体拮抗物地欧酮注射液

将所需剂量是DOM置于干燥钵中，加入少许0.8%生理盐水研成糊状，再稀释至所需量。现配现用。用时摇匀，或直接用DOM水剂。

5.3 注射部位

胸鳍或腹鳍基部腹腔注射。

5.4 雌亲鱼的注射剂量

5.4.1 两次注射法的剂量

鲢、鳙催产以两次注射为宜，以两种药物混合注射为好。两次注射法的催产剂与剂量见表2。

表2 两次注射法的催产剂与剂量

注射方式		催产剂剂量		
		LRH－A_2 或 LRH－A_3 μg/kg	HCG IU/kg	DOM mg/kg
第一次注射*	第一种	0.2～0.6	－	－
	第二种	－	100～200	－
第二次注射*	第一种	2～4	－	－
	第二种	－	800～1 200	－
	第三种	2～4	800～1 200	－
	第四种	2～4	－	3～5

注：＊任选一种剂量

两次注射的时间间隔与效应时间相同，见表3。

5.4.2 一次注射法的剂量

按表2中所规定的第二次注射剂量，任选一种一次注入鱼体。

5.5 雄亲鱼的注射剂量

雌亲鱼如采用两次注射法，当雌亲鱼注射第二次时注射雄亲鱼；雌亲鱼如采用一次注射法，雄亲鱼与雌亲鱼同时注射。剂量为雌亲鱼注射剂量的一半。

6 产卵和受精

6.1 效应时间

从注射催产剂到亲鱼产卵的时间称为效应时间。效应时间随水温呈规律性变化，不同水温条件下的效应时间见表3。

表3　效应时间 h

水温℃	一次注射法	两次注射法
20～21	16～18	11～12
22～23	14～16	10～11
24～25	12～14	8～10
26～27	10～12	7～8
28～29	9～11	6～7

6.2　受精

6.2.1　自然受精

亲鱼注射催产剂后，让其在产卵池中自行产卵、排精，使精、卵在水中自行结合受精。

6.2.2　人工授精

根据水温推算效应时间，及时取卵、取精，盛放精、卵的器皿应干燥洁净，精卵避免阳光直射，所取精、卵在人工搅拌下，使之结合受精，一般采用干法和半干法两种。

——干法授精：把所取精、卵混合，再加水搅拌1～2 min，使之受精。

——半干法授精：现用0.8%生理盐水稀释精液，然后与卵混合，再加水搅拌1～2 min，使之受精。

附录A
（资料性附录）
卵球透明液配制方法

95%酒精：95份；
10%福尔马林：10份；
冰乙酸：5份；
三者按上述比例混合即成。

附加说明：

本标准由农业部水产司提出。
本标准由中国水产科学研究院长江水产研究所归口。
本标准由中国水产科学研究院长江水产研究所负责起草。
本标准主要起草人：傅朝君。

三、草鱼亲鱼培育技术要求

中华人民共和国水产行业标准　SC/T 1020－1989
代替 GB/T 11770－89

1　主题内容与适用范围

本标准规定了草鱼（*Ctenopharyngodon idella* Cuvier et Valenciennes）亲鱼培育条件、放养要求与饲养管理技术。

本标准适用于人工繁殖用的草鱼亲鱼的池塘培育，其他方式培育草鱼亲鱼亦可参照执行。

2　引用标准

GB 11607 渔业水质标准

3　培育池

3.1　面积、位置

培育池的面积0.13～0.27 ha（约2～4亩）为宜。位置应处于注排水方便，靠近产卵池和环境安静的地方。

3.2　水深、水质

培育池的水深，常年保持1.5～2.5 m。我国北方寒冷地区，人工繁殖前，可采取降低水位的方法提高水温。

培育池的水质应符合GB 11607的规定，晴天中午池水的透明度应保持在30 cm。

3.3　修整与清池。

培育池每三年应修整一次，清除多余的淤泥，修整池埂。每年用生石灰或漂白粉等药物清池消毒一次。

4 亲鱼放养

4.1　放养时间

人工繁殖前，应制定池塘的清理、亲鱼周转和放养计划，使产后亲鱼及时按计划定池放养。如需调整宜在秋冬季节，水温10℃左右时进行。

4.2　放养数量

每公顷放养2 250～3 000 kg；雌、雄鱼搭配为（1∶1）～（1∶1.25）。

4.3　放养方式

采取草鱼亲鱼和鲢鱼或鳙鱼后备亲鱼混养方式，每公顷草鱼亲鱼池搭养鲢鱼或鳙鱼45～60尾，肉食性鱼类（鳡鱼、乌鳢、鳜鱼、鲌鱼等）30～45尾，池内螺蛳多时可搭养30～45尾青鱼。

5　饲料与投喂

5.1　饲料种类

5.1.1　精饲料：谷物、糠麸、饼粕；

5.1.2　青饲料：茎叶鲜嫩的陆草、水草和蔬菜；

5.1.3　配合饲料：符合草鱼营养需要的颗粒饵料。

5.2　饲料质量

要求不霉烂变质。

5.3　投饲方法

投饲要做到定时、定位、保质、保量。青饲料投放在食场内，精饲料投放在食台或鱼池边坡浅水处。

5.4　投饲量

青饲料的日投喂量应为鱼体重的30%～50%，精饲料的投喂量应为鱼体重的1%～2%。日投喂量的掌握以傍晚时当日投喂的饲料基本吃完为准。

5.5　投饲量的季节分配

5.5.1　夏秋培育

以喂青饲料为主，辅助投喂精饲料。每日投喂陆草量应为亲鱼体重的30%（水草则为50%），每日投喂精饲料量应为亲鱼体重的1%～2%。

5.5.2　冬季培育

南方地区经常投喂少量的精饲料和青饲料；长江流域每周选晴天，投喂少量精饲料；寒冷的北方不需投喂。

5.5.3　春季培育

以投喂青饲料为主，日投喂量略大于秋季。精饲料日投喂量相应减到亲鱼体重的1%以下。

5.5.4　产后培育（产后的一个月）

根据亲鱼体质恢复情况，投喂适量的麦芽、稻谷芽或嫩草。

6　日常管理

6.1　巡池

每日早、晚两次巡池，以观察情况，发现问题，为投饲、调节水质和防病提供依据。

6.2　调节水质

为防止水质变坏、水色太浓、池水下降、亲鱼生病和浮头，要适时加注新水或更换部分池水，加水或排水时，要防止野杂鱼进入亲鱼培育池。

6.3　流水刺激

产前一个月内，每周注水一次，产前一周内，隔天注水一次。每次注水使池水加深15～20 cm。

6.4　防治鱼病

积极采取预防措施，发现鱼病及时对症治疗。

附录A
季节特点不明显地区投饲量的掌握
（补充件）

季节气候特征不明显的地区，投饲量也没有季节限度。只要有草鱼吃食的水温条件，就要经常满足草鱼亲鱼的吃食。在此条件下，草鱼亲鱼的性周期也不受季节的制约，一年可多次性成熟。

附加说明：
本标准由农业部水产司提出。
本标准由中国水产科学研究院长江水产研究所归口。
本标准由中国水产科学研究院长江水产研究所负责起草。
GB/T 11770－89（草鱼亲鱼　培育技术要求）调整为本行业标准。
本标准主要起草人：傅朝君。

四、草鱼催产技术要求

中华人民共和国水产行业标准　SC/T 1021－2006
代替 SC/T 1021－1989

前　言

本标准是对 SC/T 1021－1989《草鱼亲鱼催产技术要求》的修订。修订内容：合并表2与表3；增加催产种类“地欧酮”和“促排卵素2号、3号”；对催产剂剂量作了相应修改与补充，将第二次注射剂量内容改以表2列出，并将附录B的内容纳入标准正文中。

本标准的附录A为资料性附录。

本标准由中华人民共和国农业部渔业局提出。

本标准由全国水产标准化技术委员会淡水养殖分技术委员会归口。

本标准起草单位：中国水产科学研究院长江水产研究所、浙江省淡水水产研究所。

本标准主要起草人：徐忠法、周瑞琼、沈仁澄、杨国梁、何力。

1　范围

本标准规定了草鱼（*Ctenopharyngodon idellus*）催产的环境条件、亲鱼选择、催产剂的使用和人工授精方法。

本标准适用于草鱼人工催产与人工授精。

2　规范性引用文件

下列文件中的条款通过本标准的引用而成为本标准的条款。凡是注日期的引用文件，其随后所有的修改单（不包括勘误的内容）或修订版均不适用于本标准，然而，鼓励根据本标准达成协议的各方面研究是否可使用这些文件的最新版本。凡是不注日期的引用文件，其最新版本适用于本标准。

GB/T 5055 青鱼、草鱼、鲢、鳙　亲鱼

GB 11607 渔业水质标准

3　环境条件

3.1　催产季节

春末夏初，当水温回升并稳定在18℃以上时，方可进行人工繁殖，不同地区的人工繁殖季节见表1。

表1　不同地区的人工繁殖季节

地　　域	人工繁殖季节
珠江流域	4月上旬至5月中旬
长江流域	5月上旬至6月上旬
黄河流域	5月中旬至6月中旬
黑龙江流域	6月中旬至7月中旬

3.2　催产水温与水质

草鱼催产的水温为18～30℃，适宜水温为22～28℃，水源充足，水质应符合GB 11607的规定。

3.3　产卵池

各种类型的产卵池，应保持1～1.5 m水位和一定的水交换量。

4　繁殖亲鱼的选择

4.1　亲鱼质量

草鱼亲鱼质量应符合GB/T 5055的规定。

4.2　雌亲鱼的选择

4.2.1　外观选择

停食1d的性成熟雌鱼的腹部膨大，下腹部有明显的卵巢轮廓，松软有弹性。

4.2.2　挖卵检查

用挖卵器伸入亲鱼泄殖孔，挖取少许卵粒，置于培养皿中或载玻片上观察，成熟卵粒分散，大小整齐、饱满。再滴加卵球透明液（参见附录A），经2～3 min后观察，全部或绝大多数卵核偏位。

4.3　雄亲鱼的选择

轻压雄鱼后腹部，有乳白色精液从泄殖孔流出，遇水后迅速散开。

4.4　配组

雌、雄亲鱼比例为1∶(1～1.2)。

5　催产剂的使用

5.1　催产剂的种类

常用的草鱼催产剂主要有：

——多巴胺受体拮抗物地欧酮（DOM）；

——鲤鱼脑垂体；

——鱼用促黄体素释放激素类似物（促排卵素2号$LRH-A_2$、促排卵素3号$LRH-A_3$）。

5.2　催产注射液的配制

5.2.1　多巴胺受体拮抗物地欧酮注射液

将所需剂量的DOM置于干燥钵中，加入少许0.8%生理盐水研成糊状，再稀释至所需量。现配现用。用时摇匀，或直接用DOM水剂。

5.2.2　鲤鱼脑垂体注射液

将所需剂量的鲤鱼脑垂体置于干燥钵中，研成粉末，然后加入少许0.8%生理盐水研成悬浊液，再稀释至所需量。现配现用。

5.2.3　鱼用促黄体素释放激素类似物注射液

用0.8%生理盐水溶解后稀释即成。

5.3　注射部位

胸鳍或腹鳍基部腹腔注射。

5.4　雌亲鱼的注射剂量

5.4.1　一次注射法的催产剂与剂量

草鱼催产以一次注射为宜。注射剂量可任选下列一种：

a）每千克体重注射$LRH-A_2$或$LRH-A_3$ 1～3 μg；

b）每千克体重注射$LRH-A_2$或$LRH-A_3$ 1～3 μg和DOM 3～5 mg；

c）每千克体重注射3～5 mg鲤鱼脑垂体。

5.4.2　两次注射法的剂量

两次注射法的催产剂与剂量见表2。

表2　两次注射法的催产剂与剂量

注射方式		催产剂量		
		$LRH-A_2$或$LRH-A_3$ μg/kg	鲤鱼脑垂体 mg/kg	DOM mg/kg
第一次注射*	第一种	0.2～0.4	–	–
	第二种	–	0.3～0.5	–
第二次注射*	第一种	1～3	–	–
	第二种	–	3～5	–
	第三种	1～3	–	3～5

* 任选一种剂量

两次注射的时间间隔与效应时间相同，见表3。

5.4.3　雄亲鱼的注射剂量

剂量为雌亲鱼注射剂量的一半。

雌亲鱼如采用两次注射法，当雌亲鱼注射第二次时注射雄亲鱼；雌亲鱼如采用一次注射法，雄亲鱼与雌亲鱼同时注射。

6　产卵和受精

6.1　效应时间

从注射催产剂到亲鱼产卵的时间称为效应时间。效应时间随水温呈规律性变化，不同水温条件下的效应时间见表3。

表3　效应时间　　h

水温℃	一次注射法	两次注射法
20~21	16~18	11~12
22~23	14~16	10~11
24~25	12~14	8~10
26~27	10~12	7~8
28~29	9~11	6~7

6.2　受精

6.2.1　自然受精

亲鱼注射催产剂后，让其在产卵池中自行产卵、排精，使精、卵在水中自行结合受精。

6.2.2　人工授精

根据水温推算效应时间，及时取卵、取精，盛放精、卵的器皿应干燥洁净，精卵避免阳光直射，所取精、卵在人工搅拌下，使之结合受精，一般采用干法和半干法两种。

——干法授精：把所取精、卵混合，再加水搅拌1~2 min，使之受精。

——半干法授精：现用0.8%生理盐水稀释精液，然后与卵混合，再加水搅拌1~2 min，使之受精。

附录A
(资料性附录)

卵球透明液配制方法

95%酒精：95份

10%福尔马林：10份

冰乙酸：5份

三者按以上比例混合即成。

五、青鱼亲鱼培育技术要求

中华人民共和国水产行业标准　SC/T 1022－1989
代替 GB/T 11774－89

1　主题内容与适用范围

本标准规定了青鱼（*Mylopharyngodon piceus* Richardson）亲鱼培育条件、放养要求与饲养管理技术。

本标准适用于人工繁殖用的青鱼亲鱼的池塘培育。其他方式培育青鱼亲鱼亦可参照执行。

2　引用标准

GB 11607 渔业水质标准

3　培育池

3.1　面积、位置

培育池的面积为 0.10～0.27 ha（约 1.5～4 亩）为宜。位置应处于注排水方便，靠近产卵池和环境安静的地方。

3.2　水深、水质

培育池的水深常年应保持 1.5～2.5 m，水质应符合 GB 11607 的规定，透明度不低于 30 cm。

3.3　修整与清池

培育池 2～3 年应干池、修整一次，清除多余的淤泥和螺、蚬壳，修整池埂。每年用生石灰或漂白粉消毒、除野。

4　亲鱼放养

4.1　放养时间

产后亲鱼可立即放养。如需暂养，亦应在一个月内放养完毕。

4.2　放养数量

每公顷放养 120～150 尾，总重量在 3 000 kg 以内。雌雄比例为 1∶1。

4.3 放养方式

青鱼亲鱼应专池培育。每公顷可搭养鲢鱼亲鱼 60 ~ 90 尾或鳙鱼亲鱼 15 ~ 30 尾；不准搭养其他规格的小青鱼，也不准搭养鲤、鲫等或其他底栖肉食性和杂食性鱼类。

5 饲养管理

5.1 饲料

培育青鱼亲鱼的饲料应以鲜活的螺、蚬、河蚌为主，辅以少量豆饼、蚕蛹、青鱼颗粒饲料等精饲料。

5.2 投饲量

全年投螺、蚬量至少应为亲鱼总体重的 10 倍。

5.3 投饲方法

摄食旺盛的夏、秋季每天或隔一、两天投喂一次。投饲应经常、均衡、不断食。不得投喂变质的螺、蚬和霉变的精饲料。

长江流域具体投饲月份配量列于下表。

%

月　份	6	7	8	9	10	11	12 ~ 翌年 2	3	4	5
月投饲量	5	12	14	17	14	8	2	6	11	11

注：月投饲量以占年投饲量百分数表示。

5.4 日常管理

5.4.1 培育池应有专人负责日常投饲管理，并作记录。

5.4.2 经常检查食场，注意亲鱼摄食情况。春末、夏秋季节应每天巡池，注意水质变化，防止泛池。

5.4.3 发现培育池水质变坏、水位下降，应及时加注新水，夏、秋季节应每月注换水 1 ~ 2 次。

5.4.4 亲鱼临产前一个月应经常注换水，至多隔 2 ~ 3 d 注换水一次，每次注换水位 20 ~ 30 cm。

6 产后亲鱼的管理

6.1 产后亲鱼每尾应注射磺胺嘧啶钠 2 mL（0.4 g）或青霉素 10^5 IU。

6.2 产后亲鱼可立即回池，也可先放入暂养池暂养。暂养池应靠近产卵池，水质清新，经常注排水。暂养密度大时应经常流水或每天注排水，防止亲鱼浮头。暂养期间不准捕捞。

附加说明：

本标准由农业部水产司提出。

本标准由中国水产科学研究院长江水产研究所归口。

本标准由浙江省淡水水产研究所负责起草。

GB/T 11774－89《青鱼亲鱼　培育技术要求》调整为本行业标准。

本标准主要起草人：沈仁澄、许谷星。

六、青鱼催产技术要求

中华人民共和国水产行业标准 SC/T 1023－2006
代替 SC/T 1023－1989

前　言

本标准是对SC/T 1023—1989《青鱼亲鱼　催产技术要求》的修订。修订时，内容增加催产种类“多巴胺受体拮抗物地欧酮”和“促排卵素2号”，对相应的催产剂剂量作了修改与补充，并将附录B的内容纳入标准正文中。

本标准的附录A为资料性附录。

本标准由中华人民共和国农业部渔业局提出。

本标准由全国水产标准化技术委员会淡水养殖分技术委员会归口。

本标准起草单位：中国水产科学研究院长江水产研究所、浙江省淡水水产研究所。

本标准主要起草人：徐忠法、周瑞琼、沈仁澄、杨国梁、何力。

1　范围

本标准规定了青鱼（*Mylopharyngodon piceus*）催产的环境条件、亲鱼选择、催产剂的使用及人工授精方法。

本标准适用于青鱼人工催产与人工授精。

2　规范性引用文件

下列文件中的条款通过本标准的引用而成为本标准的条款。凡是注日期的引用文件，其随后所有的修改单（不包括勘误的内容）或修订版均不适用于本标准，然而，鼓励根据本标准达成协议的各方面研究是否可使用这些文件的最新版本。凡是不注日期的引用文件，其最新版本适用于本标准。

GB/T 5055 青鱼、草鱼、鲢、鳙 亲鱼

GB 11607 渔业水质标准

3　环境条件

3.1　催产季节

珠江流域：4月底至5月中旬

长江流域：5月中旬至6月上旬

3.2 催产水温与水质

催产水温为22～29℃，最适水温为25～28℃，水源充足，水质应符合GB 11607的规定。

3.3 产卵池

各种类型的产卵池均可使用，应保持1～1.5 m水位和一定的水交换量。

4 繁殖亲鱼的选择

4.1 亲鱼质量

青鱼亲鱼质量应符合GB/T 5055的规定。

4.2 雌亲鱼的选择

4.2.1 外观选择

性成熟雌鱼的腹部有明显的卵巢轮廓，下腹部松软，泄殖孔前的鳞片疏松。

4.2.2 挖卵检查

用挖卵器挖取少许卵粒，置于培养皿中或载玻片上观察，成熟卵粒分散，大小整齐、饱满。再滴加卵球透明液（参见附录A），经2～3 min后观察，全部或绝大多数卵核偏位。

4.3 雄亲鱼的选择

轻压下腹部两侧，泄殖孔有乳白色精液流出，遇水后迅速散开。

4.4 配组

雌、雄亲鱼比例为1∶1。

5 催产剂的使用

5.1 催产剂的种类

常用的青鱼催产剂主要有：
——鱼用促黄体素释放激素类似物（促排卵素2号LRH－A_2）；
——鱼用绒毛膜促性腺激素（HCG）；
——多巴胺受体拮抗物地欧酮（DOM）；
——鲤鱼脑垂体。

5.2 注射液的配制

5.2.1 鱼用促黄体素释放激素类似物注射液

用0.8%生理盐水溶解后稀释即成。

5.2.2 鱼用绒毛膜促性腺激素注射液

用0.8%生理盐水溶解后稀释即成，现配现用。

5.2.3　多巴胺受体拮抗物地欧酮注射液

将所需剂量的DOM置于干燥钵中，加入少许0.8%生理盐水研成糊状，再稀释至所需量。现配现用。用时摇匀，或直接用DOM水剂。

5.2.4　鲤鱼脑垂体注射液

将所需剂量的鲤鱼脑垂体置于干燥钵中，研成粉末，然后加入少许0.8%生理盐水研成悬浊液，再稀释至所需量。现配现用。

5.3　注射部位

胸鳍或腹鳍基部腹腔注射。

5.4　注射剂量

5.4.1　促熟注射剂量

催产前10～15 d，每千克体重注射LRH－A_2 0.2 μg；

5.4.2　雌亲鱼催产注射剂量

采用二次注射法，下列方法可任选一种：

a）第一次注射：每千克体重注射LRH－A_2 5 μg；间隔10～12 h，第二次注射：每千克体重注射LRH－A_2 10～12 μg和DOM 5 mg或鲤鱼脑垂体2～3 mg；

b）第一次注射：每千克体重注射LRH－A_2 1～2μg和HCG 600～1 000 IU：间隔10～12 h，第二次注射：每千克体重注射LRH－A_2 5～7 μg和DOM 5 mg或鲤鱼脑垂体0.5～1 mg；

5.4.3　雄亲鱼催产注射剂量

宜采用一次注射法。在雄亲鱼第二次注射时注射。剂量为雌亲鱼的1/2～2/3。

6　产卵和人工授精

6.1　效应时间

水温22～29℃，第二次注射催产剂后7～10 h。亲鱼发情产卵。

6.2　人工授精

采用干发授精的方法获得受精卵。操作时，应符合以下要求：

a）根据水温和效应时间及时取卵、取精；

b）取用的精液应呈乳白色，入水即散开；

c）用具在受精前应保持干燥、洁净；

d）精卵避免阳光直射；

e）在精、卵混合之前，精或卵不能与水接触；

f）精、卵混合后即加水搅拌1～2 min，再漂洗，然后放入孵化器中孵化。

附录 A
（资料性附录）

卵球透明液配制方法

95%酒精：95 份

10%福尔马林：10 份

冰乙酸：5 份

三者按以上比例混合即成。

七、鱼用促黄体素释放激素类似物（LRH－A）

中华人民共和国水产行业标准　SC 1012－1984　代替　SC 126－84

本标准适用于鱼用促黄体素释放激素类似物（LRH－A）

1　分子式、分子量、结构式

1.1　分子式

$C_{56}H_{78}N_{is}O_{12}$

1.2　分子量

1 166

1.3　结构式

焦谷·组·色·丝·酪·D一丙·亮·精·脯·乙基胺。

2　质量指标

2.1　外观

本品为鱼用促黄体素释放激素类似物加适量赋形剂，经灌封、真空冷冻干燥的白色结晶形粉状制剂。

2.2　纯度

纸上电泳层析为一点。

2.3　生物活力

能促使冬眠雌蟾蜍产卵。

2.4　有效期

五年。

3　检查方法

3.1　纯度检验

3.1.1　展开剂与显示剂的配制

3.1.1.1　展开剂

30% 甲酸：冰乙酸：水按体积 15∶10∶75 的比例配制，其 pH 值 1.9。

3.1.1.2 显示剂（pauly 试剂）

试剂甲：取4.5 g对氨基苯磺酸与12 N盐酸45 mL共热溶解，以水稀释至500 mL，在0℃将溶液与等体积的5%亚硝酸钠溶液相混合。

试剂乙：10%碳酸钠溶液。

3.1.2 滤纸

选用国产新华1号或2号滤纸。

3.1.3 点样

离滤纸底边5 cm处点上样品和标准品，而后用展开剂将滤纸喷湿，点样处最后喷。

3.1.4 电泳

点好样品的滤纸挂在电泳槽中，进行电泳。其移动距离不少于15 cm。

3.1.5 烘干、显色

电泳完毕后，将滤纸取出，用电吹风吹干，先喷显示剂试剂甲，再喷试剂乙。

3.1.6 鉴定

样品与标准品的移动距离相同，显橘红色一点即为纯品。

3.2 生物活力检验

选用体重40~50 g的冬眠雌蟾蜍10只，分两组。每只皮下注射含有5 kg鱼用促黄体素释放激素类似物的任氏溶液0.5 mL，24℃保温，24 h之内能诱导每组三只以上的蟾蜍产卵。

注：任氏溶液的配制

氯化钠	6.000 g；
碳酸氢钠	0.100 g；
氯化钾	0.075 g；
无水氯化钙	0.100 g；
双重蒸馏水	加至1 000 mL。

4 标志、包装、贮存

4.1 标志项目

a. 产品名称；
b. 用途；
c. 剂量；
d. 包装规格；
e. 保存方法；
f. 出厂日期；
g. 有效期；
h. 生产厂名称。

4.2　包装规格

用安瓿瓶或青霉素瓶每支灌装0.2 mg、0.5 mg、1 mg三种规格，经真空冷冻干燥后封口，每盒10支。

4.3　贮存

严封、遮光、常温保存。

附录A
鱼用促黄体素释放激素类似物（LRH－A）用法与用量
（参考件）

Al　亲鱼催产

本品溶解于0.6%的生理盐水或蒸馏水中，对于性腺成熟的亲鱼进行腹腔或肌肉注射。水温在24±2℃，效应时间10～24 h，注射液应避免阳光照射。

Al.1　草鱼

每千克鱼体重一次注射本品5～10 μg，不需要两次注射。

Al.2　青鱼

每千克鱼体重第一次注射本品1～3 μg，经24～48 h，第二次注射本品7～9 μg另加每千克鱼体重1～2 mg干鲤鱼或鲫鱼垂体。

Al.3　鲢鱼

未经鱼用绒毛膜促性腺激素（HCG）催产过的初产亲鱼，每千克鱼体重一次注射本品10 μg，水温24±1℃，效应时间24～26 h。

经鱼用绒毛膜促性腺激素（HCG）催产过的维鱼，宜做两次注射，效果显著。第一次每尾鱼注射本品2 μg，亲鱼放回原池塘或预备池塘，经1～3 d后，进行第二次注射，每千克鱼体重注射本品10 μg。

Al.4　鳙鱼

每千克鱼体重第一次注射本品1～2 μg，经8～12 h，第二次注射本品8～9 μg。

Al.5　催产其他经济鱼类可以参照上述剂量酌情增减使用。

Al.6　雄鱼剂量减半使用，均在雌鱼末次注射时同时注射。

A2　亲鱼催熟

取本品溶解于生理盐水中，缓慢滴入盛有与生理盐水等量清鱼肝油的研钵中，边滴边研磨，使之乳化即可使用。性腺发育较差的雌雄亲鱼可于催产前10～20h每尾注射2～5 μg。

附加说明：

本标准由中国水产科学研究院长江水产研究所沙市分所提出并归口。

本标准由上海水产学院负责起草。

本标准主要起草人：季恩溢、姜仁良。

八、鱼用绒毛膜促性腺激素（HCG）

中华人民共和国水产行业标准　SC 1011－1984　代替 SC125－84

本标准适用于鱼用绒毛膜促性腺激素。

鱼用绒毛膜促性腺激素（以下简称绒膜激素），是一种人类胎盘绒毛膜所分泌的非垂体促性腺激素。

1　分子结构、分子量、等电点

1.1　分子结构

由 α 和 β 两个多肽链构成。

1.2　分子量

47 000

1.3　等电点

pH 值 3.2 ~3.3

2　质量指标

2.1　外观

本品为白色或淡黄色粉状，易溶于水，溶液无色或呈淡黄色。

2.2　纯度及生物活性

每毫克绒膜激素不得低于 250 IU；蟾蜍体外跌卵试验，2 mg 剂量的跌卵率不得低于 50%，一个蟾蜍的跌卵效价相当于 500 IU。

2.3　有效期

冻干品为三年，粉干品为两年。

3　检验方法

3.1　效价的测定

3.1.1　蟾蜍体外跌卵法

3.1.1.1　供检绒膜激素溶液的配制

取 2 mg 供检的绒膜激素盛于烧杯中，加入任氏（Ringer）液使之溶解，溶液的总体积为 30 mL。

注：任氏溶液的配制

氯化钠 6.000 g；

氯化钾 0.075 g；

氯化钙 0.100 g；

碳酸氢钠 0.100 g；

双重蒸馏水加至 1 000 ml。

3.1.1.2 蟾蜍卵块的杀取悬挂

选择体重 40～50 g 的冬眠健壮的雌蟾蜍，杀取其卵巢块，取一块含卵 100 粒左右的卵巢块悬挂在烧杯内。

3.1.1.3 跌卵的温度要求和计算

试验烧杯置于 17～18℃的条件下，经 24 h，计数烧杯内的跌卵数，按下式计算跌卵率。

跌卵率（%）＝〔跌卵数/（跌卵数＋未跌卵数）〕×100

4 检验规则

每批产品随机取样 3% 进行测定，如不合格则本批产品不得出售。

5 标志、包装、贮存

5.1 标志项目

a. 产品名称；

b. 用途；

c. 效价；

d. 剂量；

e. 包装规格；

f. 保存方法；

g. 出厂日期；

h. 有效期；

i. 生产厂名称。

5.2 包装规格

产品采用安培瓶或青霉素瓶包装，有粉干和冻干两种。

5.2.1 粉干品

每支灌装 0.5 g、1.0 g 二种规格。

5.2.2 冻干品

每支灌装 5 000 IU、10 000 IU 二种规格。

5.3 贮存

5.3.1 产品在室温条件下，应置于阴凉、干燥、避光处保存，如低温保存须置于干燥器内

5.3.2 开封使用后的剩余散装干品，应按5.3.1规定的条件保存。

附加说明：

本标准由中国水产科学研究院长江水产研究所沙市分所提出并归口。

本标准由中国水产科学研究院长江水产研究所沙市分所负责起草。

本标准主要起草人：傅朝君。

九、草鱼鱼苗、鱼种质量标准

中华人民共和国国家标准　GB/T 11776－89

1　主题内容与适用范围

本标准规定了草鱼（*Ctenopharyngodonidelus*）鱼苗、鱼种的质量要求和检验方法。

本标准适用于草鱼鱼苗、鱼种的质量鉴定。

2　引用标准

GB 5055 青鱼、草鱼、鲢鱼、鳙鱼亲鱼

3　术语

3.1　鱼苗：指卵黄囊消失、鳔充气、能平游和主动摄食阶段的仔鱼。

3.2　鱼种：指鱼苗生长发育至全体鳞片、鳍条长全，外观已具有成体的基本特征的幼鱼。

4　苗种来源

4.1　鱼苗：由符合 GB 5055 规定的亲鱼人工繁殖或江河捕捞的天然鱼苗。

4.2　鱼种：池塘培育或其他方式生产的鱼种。

5　鱼苗质量

5.1　外观

5.1.1　肉眼观察 95% 以上的鱼苗应符合 3.1 条的规定，且鱼体透明，色泽光亮，不呈黑色。

5.1.2　集群游动，行动活泼，在容器中轻微搅动水体，90% 以上的鱼苗有逆水能力。

5.2　可数与可量指标

5.2.1　可数指标：畸形率小于 30%；伤病率小于 1%。

5.2.2　可量指标：95% 以上的鱼苗全长应达到 0.7 cm。

6　鱼种质量

6.1　外观

6.1.1　体形正常，鳍条、鳞被完整。

6.1.2　体表光滑有黏液，色泽正常，游动活泼。

6.2　可数与可量指标

6.2.1　可数指标：畸形率小于1%；带病率小于1%（不带有危害性大的传染病个体）；损伤率小于1%。

6.2.2　可量指标：各种规格（全长）的鱼种重量应符合表1规定。

表1　草鱼鱼种全长与体重对应表

全长/cm	体重/g	每千克总尾数/尾	全长/cm	体重/g	每千克总尾数/尾	全长/cm	体重/g	每千克总尾数/尾
1.7	0.1	10 000	9.0	7.85	127.4	16.3	51.44	19.4
2.0	0.15	6 667	9.3	9.30	108.0	16.7	55.18	18.1
2.3	0.21	4 762	9.7	10.75	93.0	17.0	58.10	17.2
2.7	0.31	3 226	10.0	11.60	86.2	17.3	61.12	16.4
3.0	0.41	2 439	10.3	12.65	79.1	17.7	64.56	15.5
3.3	0.52	1 923	10.7	14.10	70.9	18.0	68.65	14.6
3.7	0.70	1 429	11.0	15.25	65.6	18.3	71.92	13.9
4.0	0.85	1 176	11.3	16.47	60.7	18.7	76.57	13.2
4.3	1.03	971	11.7	18.91	52.9	19.0	80.18	12.5
4.7	1.12	893	12.0	19.55	51.2	19.3	83.90	11.9
5.0	1.51	662	12.3	20.98	47.7	19.7	89.03	11.2
5.3	1.75	571	12.7	22.98	43.5	20.0	93.01	10.8
5.7	2.10	476	13.0	24.56	40.7	20.3	97.11	10.3
6.0	2.40	417	13.3	26.21	38.2	20.7	102.75	9.7
6.3	2.71	369	13.7	28.52	35.1	21.0	107.13	9.3
6.7	3.17	315	14.0	30.34	33.0	21.3	111.62	9.0
7.0	3.54	282	14.3	32.23	31.0	21.7	117.09	8.5
7.3	3.94	254	14.7	34.87	28.7	22.0	122.57	8.2
7.7	4.52	221	15.0	37.88	26.4	22.3	127.47	7.8
8.0	4.98	201	15.3	40.22	24.9	22.7	134.21	7.5
8.3	5.46	183	15.7	43.96	22.7	23.0	139.41	7.2
8.7	6.40	156	16.0	47.70	21.0	23.3	144.74	6.9

6.2.3　越冬鱼种的标准体重：南方应达到表列数值的90%以上，北方应达到85%以上。

6.3　检疫：不带有患出血病、肠炎病、赤皮病、烂鳃病、球虫病的个体。

7　检验方法

7.1　取样：每批鱼苗、鱼种随机取样应在100尾以上；鱼种可量指标测量每批在30尾以上。

7.2　全长测量：用标准量具逐尾量取吻端至尾鳍末端的直线长度。

7.3　称量：吸去鱼体带水，称重。

7.4　损伤率：用肉眼观察计数。

7.5　疾病：暂按鱼病常规诊断方法检验。

附加说明：

本标准由中华人民共和国农业部提出。

本标准由中国水产科学研究院长江水产研究所归口。

本标准由中国水产科学研究院长江水产研究所负责起草。

本标准主要起草人：葛光映、喻清明。

十、鲢鱼鱼苗、鱼种质量标准

中华人民共和国国家标准 GB/T 11777－89

1 主要内容与适用范围

本标准规定了鲢鱼（*Hypaphthalmichthys molitrix*）鱼苗、鱼种的质量要求和检验方法。本标准适用于鲢鱼鱼苗、鱼种的质量鉴定。

2 引用标准

GB 5055 青鱼、草鱼、鲢鱼、鳙鱼亲鱼

3 名词术语

3.1 鱼苗：指卵黄囊消失、鳔充气、能平游和主动摄食阶段的仔鱼。

3.2 鱼种：指鱼苗生长发育至全体鳞片、鳍条长全，外观已具有成体的基本特征的幼鱼。

4 苗种来源

4.1 鱼苗：由符合 GB 5055 规定的亲鱼人工繁殖或江河捕捞的天然鱼苗。

4.2 鱼种：池塘培育或其他方式生产的鱼种。

5 鱼苗质量

5.1 外观

5.1.1 肉眼观察 95% 以上的鱼苗应符合 3.1 条的规定，且鱼体透明，色泽光亮，不呈黑色。

5.1.2 集群游动，行动活泼，在容器中轻微搅动水体，90% 以上的鱼苗有逆水能力。

5.2 可数与可量指标

5.2.1 可数指标：畸形率小于 35%；伤病率小于 1%。

5.2.2 可量指标：95% 以上的鱼苗全长应达到 0.8 cm。

6 鱼种质量

6.1 外观

6.1.1 体形正常，鳍条、鳞被完整。

6.1.2 体表光滑有黏液，色泽正常，游动活泼。

6.2 可数与可量指标

6.2.1 可数指标：畸形率小于1%；带病率小于1%（不带有危害性大的传染病个体）；损伤率小于1%。

6.2.2 可量指标：各种规格（全长）的鱼种重量应符合表1规定。

表1 鲢鱼鱼种全长与体重对应表

全长/cm	体重/g	每千克总尾数/尾	全长/cm	体重/g	每千克总尾数/尾	全长/cm	体重/g	每千克总尾数/尾
1.7	0.04	25 000	9.0	7.16	140.0	16.3	41.45	24.13
2.0	0.07	14 286	9.3	7.91	126.4	16.7	44.56	22.44
2.3	0.11	9 091	9.7	8.94	111.9	17.0	46.99	21.28
2.7	0.18	5 556	10.0	9.96	100.4	17.3	49.56	20.18
3.0	0.25	4 000	10.3	10.99	91.0	17.7	52.99	18.87
3.3	0.33	3 030	10.7	12.01	83.3	18.0	55.72	17.95
3.7	0.46	2 174	11.0	13.00	76.9	18.3	58.53	17.08
4.0	0.60	1 667	11.3	14.03	71.3	17.7	62.43	16.02
4.3	0.75	1 333	11.7	15.50	64.5	19.0	65.16	15.28
4.7	0.98	1 020	12.0	16.66	60.0	19.3	68.59	14.58
5.0	1.18	847	12.3	17.87	56.0	19.7	72.92	13.71
5.3	1.42	704	12.7	19.85	50.4	20.0	76.28	13.11
5.7	1.77	565	13.0	20.93	47.8	20.3	79.74	12.54
6.0	2.07	483	13.3	22.34	44.8	20.7	84.51	11.83
6.3	2.40	417	13.7	24.31	41.1	21.0	88.22	11.34
6.7	2.90	345	14.0	25.85	38.7	21.3	92.03	10.87
7.0	3.32	301	14.3	27.47	36.4	21.7	97.28	10.28
7.3	3.77	265	14.7	29.72	33.6	22.0	101.34	9.87
7.7	4.44	225	15.0	31.48	31.8	22.3	105.52	9.48
8.0	4.99	200	15.3	34.32	29.1	22.7	111.26	8.99
8.3	5.55	180	15.7	37.07	27.0	23.0	115.70	8.64
8.7	6.45	155	16.0	39.22	25.5	23.3	120.36	8.31

6.2.3 越冬鱼种的标准体重：南方应达到表列数值的90%以上；北方应达到85%以上。

6.3 检疫：不带有患出血病、肠炎病、赤皮病、烂鳃病、球虫病的个体。

7 检验方法

7.1 取样：每批鱼苗、鱼种随机取样应在100尾以上；鱼种可量指标测量每批在30尾以上。

7.2 全长测量：用标准量具逐尾量取吻端至尾鳍末端的直线长度。

7.3 称量：吸去鱼体带水，称重。

7.4 损伤率：用肉眼观察计数。

7.5 疾病：暂按鱼病常规诊断方法检验。

附加说明：

本标准由中华人民共和国农业部提出。

本标准由中国水产科学研究院长江水产研究所归口。

本标准由中国水产科学研究院长江水产研究所负责起草。

本标准主要起草人：葛光映、喻清明。

十一、鳙鱼鱼苗、鱼种质量标准

中华人民共和国水产行业标准　GB/T 11778－1989

1　主要内容与适用范围

本标准规定了鳙鱼（*Aristichthys nobilis*）鱼苗、鱼种的质量要求和检验方法。
本标准适用于鳙鱼鱼苗、鱼种的质量鉴定。

2　引用标准

GB 5055 青鱼、草鱼、鲢鱼、鳙鱼亲鱼。

3　术语

3.1　鱼苗：指卵黄囊消失、鳔充气、能平游和主动摄食阶段的仔鱼。
3.2　鱼种：指鱼苗生长发育至全体鳞片、鳍条长全，外观已具有成体的基本特征的幼鱼。

4　苗种来源

4.1　鱼苗：由符合 GB 5055 规定的亲鱼人工繁殖或江河捕捞的天然鱼苗。
4.2　鱼种：池塘培育或其他方式生产的鱼种。

5　鱼苗质量

5.1　外观

5.1.1　肉眼观察 95% 以上的鱼苗应符合 3.1 条的规定，且鱼体透明，色泽光亮，不呈黑色。

5.1.2　集群游动，行动活泼，在容器中轻微搅动水体，90% 以上的鱼苗有逆水能力。

5.2　可数与可量指标

5.2.1　可数指标：畸形率小于 3%；伤病率小于 1%。

5.2.2　可量指标：95% 以上的鱼苗全长应达到 0.9 cm。

6　鱼种质量

6.1　外观

6.1.1　体形正常，鳍条、鳞被完整。

6.1.2　体表光滑有黏液，色泽正常，游动活泼。

6.2　可数与可量指标

6.2.1　可数指标：畸形率小于1%；带病率小于1%（不带有危害性大的传染病个体）；损伤率小于1%。

6.2.2　可量指标：各种规格（全长）的鱼种重量应符合表1规定。

表1　鳙鱼鱼种全长与体重对应表

全长/cm	体重/g	每千克总尾数/尾	全长/cm	体重/g	每千克总尾数/尾	全长/cm	体重/g	每千克总尾数/尾
1.7	0.04	25 000	9.0	7.46	134.0	16.3	47.02	21.26
2.0	0.07	14 286	9.3	8.27	120.9	16.7	50.85	19.67
2.3	0.10	10 000	9.7	9.34	107.0	17.0	53.87	18.56
2.7	0.17	5 882	10.0	10.37	96.4	17.3	57.00	17.54
3.0	0.24	4 167	10.3	11.29	88.6	17.7	61.37	16.29
3.3	0.32	3 125	10.7	12.84	79.1	18.0	64.80	15.43
3.7	0.46	2 174	11.0	13.73	72.8	18.3	68.35	14.63
4.0	0.59	1 695	11.3	14.87	97.2	17.7	73.50	13.61
4.3	0.74	1 351	11.7	16.49	60.6	19.0	77.17	12.96
4.7	0.97	1 031	12.0	17.97	55.6	19.3	81.18	12.32
5.0	1.18	847	12.3	19.14	52.2	19.7	86.74	11.53
5.3	1.42	704	12.7	20.51	48.8	20.0	91.08	10.98
5.7	1.78	662	13.0	21.56	46.4	20.3	95.57	10.46
6.0	2.09	478	13.3	24.16	41.4	20.7	101.79	9.82
6.3	2.44	410	13.7	26.39	37.9	21.0	106.64	9.38
6.7	2.96	338	14.0	28.40	35.2	21.3	111.61	8.96
7.0	3.41	293	14.3	32.62	30.7	21.7	118.56	8.43
7.3	3.87	258	14.7	34.23	29.2	22.0	123.94	8.07
7.7	4.58	218	15.0	36.84	27.1	22.3	129.47	7.72
8.0	5.16	194	15.3	38.32	26.1	22.7	137.14	7.29
8.3	5.79	173	15.7	41.65	24.0	23.0	143.90	6.95
8.7	6.71	149	16.0	44.28	22.6	23.3	149.21	6.70

6.2.3　越冬鱼种的标准体重：南方应达到表列数值的90%以上；北方应达到85%以上。

6.3　检疫：不带有患出血病、肠炎病、赤皮病、烂鳃病、球虫病的个体。

7　检验方法

7.1　取样：每批鱼苗、鱼种随机取样应在100尾以上；鱼种可量指标测量每批在30尾以上。

7.2　全长测量：用标准量具逐尾量取吻端至尾鳍末端的直线长度。

7.3　称量：吸去鱼体带水，称重。

7.4　损伤率：用肉眼观察计数。

7.5　疾病：暂按鱼病常规诊断方法检验。

附加说明：

本标准由中华人民共和国农业部提出。

本标准由中国水产科学研究院长江水产研究所归口。

本标准由中国水产科学研究院长江水产研究所负责起草。

本标准主要起草人：葛光映、喻清明。

十二、鲤鱼杂交育种技术要求

中华人民共和国水产行业标准　SC/T 1005－92

1　主要内容与适用范围

本标准规定了鲤鱼常规杂交育种的分类，杂交组合原则，亲本选择，杂种一代的生产与优势评价，以及杂种优势的保持。

本标准适用于鲤鱼的常规杂交育种，其他鱼类的杂交育种亦可参照使用。

2　符号、代号

2.1　♀：雌鱼（母本）

2.2　♂：雄鱼（父本）

2.3　P：亲鱼（亲本）

2.4　×：杂交（交配）

2.5　B：回交世代。B_1——回交一代；B_2——回交二代；…

2.6　P_1♀×P_2♂：正交

2.7　P_2♀×P_1♂：反交

2.8　F 杂种世代。F_1——杂种一代；F_2——杂种二代；…

3　术语

杂种优势强度：显优势的杂种一代某性状平均值与双亲同性状平均值之差，占双亲同性状平均值的百分率，称为杂种优势强度，作为评估杂种优势的依据。

4　杂交分类

4.1　根据亲本间分类地位划分

a. 种内杂交：种内不同品种或品系之间的杂交；

b. 种间杂交：属内不同种之间的杂交；

c. 属间杂交：科内或亚科内不同属之间的杂交；

d. 亚科间杂交：同一科内不同亚科之间的杂交。

4.2　根据亲本间配组次数和所用亲本数量划分

4.2.1　单杂交：配组一次，只用两种鱼的亲本进行杂交。

4.2.2　复合杂交：配组两次，三种鱼以上的亲本进行杂交。复合杂交又分为：

a. 单复杂交：配组两次，两种鱼杂交的后代再与第三种鱼进行杂交。

b. 双复杂交：配组两次，两种鱼杂交的后代再与另两种鱼杂交的后代进行杂交。

4.3　根据选育目标划分

a. 增殖杂交：两种鱼杂交后，从其后代中选择性状优良者连续进行多代自交繁殖和选育，以稳定优良性状，达到育种目的。

其模式为：

$P_1 \times P_2$

↓

F_1

↓

F_2

↓

F_3

⋮

b. 引入杂交：一个外来种或品种与本地优良种或品种杂交，其杂种再与本地种或品种进行回交，经过多代回交，以便把本地种或品种的优良性状引入到外来种或品种中去，并逐代增强和稳定。

其模式见表1。

表1

杂交类别	引入杂交	吸收杂交	交替杂交
杂交模式	$P_1 \times P_2$	$P_1 \times P_2$	$P_1 \times P_2$
	↘	↙	↘
	$P_1 \times F_1$	$F_1 \times P_2$	$P_1 \times F_1$
	↘	↙	↙
	$P_1 \times B_1$	$B_1 \times P_2$	$B_1 \times P_2$
	↘	↙	↘
	$P_1 \times B_2$	$B_2 \times P_2$	$P_1 \times B_2$

注：P_1 为本地种或品种，P_2 为外来种或品种。

c. 吸收杂交：一个外来种或品种与本地种或品种杂交，其杂种再与外来种或品种进行回交，经多代回交，使本地种或品种吸收外来种或品种的优良性状，并逐代增强和稳定。其模式见表1。

d. 交替杂交：两种鱼杂交的后代，再分别与两种亲本进行多代回交，将双亲优良性状集于一体，使其逐代增强和稳定。其模式见表1。

5　杂交组合原则

5.1　杂交组合的主要目标：改良养殖鱼类品质，提高生产性能及抗逆性。

5.2　选入杂交组合亲本的核型，即染色体组型应相同或相近。

5.3　亲本在形态、生态、生理等方面应有显著差异。

5.4　一个好的杂交组合后代，应在生长、体型等经济性状方面应有显著优势。

6　亲本选择

6.1　亲本应是纯种或纯品种。

6.2　亲本必须具有所需的优良性状。

6.3　杂种只能在育种研究中有选择性地作为亲本，不得作为规模性生产苗种的亲本。

7　杂种一代的生产

7.1　配组亲鱼的选择

7.1.1　雌、雄亲鱼鉴别特征见表2。

表2　鲤鱼雌、雄亲鱼鉴别

性别	腹　部	胸鳍和体表	肛门和泄殖孔
♀	大而软，性成熟时膨大呈囊圆形，柔软有弹性	没有或少有珠星	肛门周围有辐射褶，前区有纵褶；繁殖季节肛门和泄殖孔凸出，且略红肿
♂	小而硬，性成熟时轻压腹部有精液流出	繁殖季节有珠星手摸有粗糙感	前区无纵摺；繁殖季节肛门和泄殖孔略内凹，但不红肿

7.1.2　雌鱼选择

a. 繁殖季节早期，应选择腹部大而软，且有弹性的亲鱼配组；

b. 繁殖季节中期，应选择腹部中等大小，而后腹较松软且有弹性的亲鱼配组；

c. 繁殖季节后期，应选择腹部较小，且不太松软而又有弹性的亲鱼配组。

7.1.3　雄鱼选择

应选择轻压腹部有浓稠白色精液流出，且遇水扩散快者，不应选择精液量少，入水后呈细线状，且不易扩散，或精液稀且带黄色者。

7.1.4　亲本应体质健壮、发育良好、无外伤。

7.2　配组比例

雌、雄亲鱼配组比例分两种情况：

a. 采用人工授精的雌、雄亲鱼比例为2:1或3:2；

b. 自然受精的雌、雄亲鱼比例为1:1或1:(1.5~2)。

8　杂种一代优势评价

8.1　杂种一代优势强度

杂种优势强度按下式计算：

$$D = \left[\left(\overline{F_i} - \frac{\overline{P_1} + \overline{P_2}}{2}\right) \div \frac{\overline{P_1} + \overline{P_2}}{2}\right] \times 100$$

式中：D——杂种优势强度，%；

$\overline{F_i}$——杂种某一性状的平均值；

$\frac{\overline{P_1} + \overline{P_2}}{2}$——双亲同一性状的平均值。

8.2　杂种一代优势的生产验证

8.2.1　杂种一代与亲本子代应来源于同一原种的亲本。即将 A 种母本的鱼卵分成二份，一份用 B 种父本的精子受精，获得杂种 F_1；另一份用 A 种父本的精子受精，获得亲本自交子代。

8.2.2　杂种一代应尽可能与亲本子代同池对比饲养试验。如因多因子而不能同池对比试验，则应按生物数学中正交法设计试验方案。

8.2.3　同池或不同池对比试验的鱼种，其数量、规格和质量必须一致。

8.2.4　根据饲养对照获得的数据，按杂种优势强度计算公式得出杂种一代在主要经济性状方面的优势率，并进行综合评价。然后方能应用于池塘养殖推广。

9　杂种优势的保持

9.1　淘汰不利性状（基因）：采用测交、后裔鉴定等技术淘汰不利性状（基因）。

9.2　采取群体选择、家系选择等相结合的技术，对杂种连续进行多代选育，直至性状相对稳定。

附加说明：

本标准由农业部水产司提出。
本标准由中国水产科学研究院长江水产研究所归口。
本标准由中国水产科学研究院长江水产研究所负责起草。
本标准主要起草人：胡德高、徐忠法。

十三、淡水网箱养鱼　通用技术要求

中华人民共和国水产行业标准　SC/T 1006－92

1　主题内容与适用范围

本标准规定了淡水网箱养鱼的环境条件、网箱选择、网箱设置、鱼种放养、饲养管理的技术要求。

本标准适用于各类淡水水域中的网箱养鱼。

2　引用标准

GB 11607 渔业水质标准
GB 9956 青鱼鱼苗、鱼种质量标准
GB/T 11776 草鱼鱼苗、鱼种质量标准
GB/T 11777 鲢鱼鱼苗、鱼种质量标准
GB/T 11778 鳙鱼鱼苗、鱼种质量标准
GB 10030 团头鲂鱼苗、鱼种质量标准
GB 10023 渔用乙纶单丝
SC 141 乙纶渔网线
SC/T 1007 淡水网箱养鱼操作技术规程

3　环境条件

3.1　水温

养鱼水体的水温见表1。

表1　℃

饲养期间水温变幅	饲养期间积温	适宜鱼类
8～20	—	冷水性鱼类
15～32	≥2 800	暖水性鱼类

3.2　水质

水质应符合 GB 11607 的规定。透明度大于 1 m 时，适宜放养吃食性鱼类；透明度小于 1 m，且浮游生物量湿重大于 4 mg/L 时，适宜放养滤食性鱼类。

3.3　水源

水源充足，水位相对稳定，常年落差不宜太大。

3.4　水流、风浪、航道

水流：应小于0.2 m/s。当水流大于0.2 m/s时，迎水面应有金属网等挡水设施。如水流中带有草木和其他漂浮物时，还应有拦渣设施。

风浪：如风浪可能危及网箱安全，迎风面应有挡浪设施。

航道：网箱设置处应避开航道。

4　网箱选择

4.1　网箱规格系列

常用网箱的规格系列见表2。

表2

单个网箱面积/m^2	系列尺寸/m	
	长×宽	高
<30	3×3　4×3　5×3　4×4　5×5　7×4	2~3
30~60	8×4　7×5　6×6　8×5　8×6　9×5　10×6　12×5	
>60	9×9　12×8　14×8	

4.2　箱体

4.2.1　箱体的常用材料有合成纤维网片、金属网片、棉线网片、麻线网片和塑料压延网片等。生产上一般采用合成纤维网。乙纶单丝网的材料应符合GB 10023的规定，乙纶线网的材料应符合SC 141的规定。

4.2.2　形状：饲养吃食性鱼类的宜采用正方体网箱，饲养滤食性鱼类的宜采用长方体网箱。

4.2.3　结构

4.2.3.1　浮动式网箱有敞开式和封闭式两种。敞开式网箱由边网和底网构成；封闭式网箱用盖网封闭网箱上口。

4.2.3.2　沉式（升降式）网箱为封闭式网箱。饲养吃食性鱼类，其盖网上连接一个开口于水面的投饵口。

4.2.3.3　网箱的箱体可为双层网箱，内网箱与外网箱之间的间距为0.2~0.3 m。

4.2.4　网目

4.2.4.1　网目大小以箱内饲养的鱼类不能逃逸为度，网目大小与鱼体全长的关系参照以下公式：

鲤鱼、鲢鱼、鳙鱼　　$a < 0.130L$

草鱼　　$a < 0.105L$

罗非鱼　　$a<0.160L$

团头鲂　　$a<0.200L$

以上各式中，L为放养鱼体的全长（cm）；a为网目单脚长度（cm）。

注：网目大小允许误差为±1 mm。

4.2.4.2　乙纶渔网线材料网箱、网目大小与网箱种类的关系见表3。

表3

网箱种类	网目大小/cm	网线规格
培育鱼种网箱	1～1.3	36 tex 1×3
	1～1.5	36 tex 2×2
	1.6～2.5	36 tex 2×3
	2～3	36 tex 2×3
饲养食用鱼网箱	2.4～3	36 tex 3×3
	5	36 tex 4×3
	6	36 tex 5×3

4.3　网箱装配

定形缩结系数：垂直方向为0.7～0.8；水平方向为0.6～0.7。

4.4　网箱附属设施

4.4.1　框架：材料见表4，形状依箱体定。框架应平整、牢固、形状稳定。

4.4.2　浮子：材料见表4，形状无固定要求，依材料定。浮力足够，并应留有一定的安全系数。

4.4.3　沉子：材料见表4。形状依材料定。沉降力足够保持箱体形状。

4.4.4　固定物：材料见表4。

表4

构件名称		适用材料
框架		竹竿、木杆、木条、金属构件、塑料构件
浮子		塑料浮子、密闭汽油桶、密闭塑料管、金属浮筒、玻璃钢浮球
沉子		各型金属沉子、有孔砖、石块
固定物	缆绳	合成纤维绳、钢丝绳、钢芯绳、铁丝、棕绳、麻绳
	锚	铁锚、石块、混凝土预制块
	桩柱	木桩、竹桩、混凝土柱桩
投饵设备		专用投饵机、饵料台、饵料盘
浮码头		囤船、浮子、枕木或竹、木平台、塑料构件
栈桥	脚桩	木桩、竹桩、混凝土柱桩
	桥体	浮子、竹跳板、木板、枕木、竹竿、木条、金属构件、塑料构件

4.4.4.1　浮动式网箱采用抛锚定位，锚缆长为水深的2～4倍，离岸近的也可用缆绳固定于岸上的固定物（树木、大石头）或桩柱上，缆绳连接网箱组一端置一浮筒、浮桶或同等浮力的浮子。

4.4.4.2　固定式网箱一般在水下打桩定位、定形，每根桩应打入土中0.8 m以上。

4.4.5　投饵设备：机械投饵网箱有投饵机，根据饲养对象的摄食特点可在网箱内设投饵台或饵料盘。

4.4.6　浮码头：由囤船或浮子加竹、木、塑料构成平台，以能平稳卸置一船次或一组次饵料以上为度，有栈桥与岸相连接的网箱，不设浮码头。

4.4.7　栈桥：材料见表4。桥宽大于0.4 m，浮力和厚度至少能平稳承受4倍于网箱操作人员重量，有脚桩的栈桥，不设浮子，单个网箱不设栈桥。

5　网箱设置

5.1　设置地点

养鱼网箱应设置在交通方便，不受洪水直接冲击，避大风，且向阳的地方。饲养滤食性鱼类的网箱宜置于湖湾、库汊、沿岸浅水区。饲养吃食性鱼类的网箱宜置于水面宽阔、水体交换好的地方。

浮动式网箱一般设置在风浪、水深、水流量不大的水域；固定式网箱一般设置在风浪、水流量大、水位落差小，宜于打桩的水域；沉式（升降式）网箱宜设置在水深，风浪大或水面易结冰的水域。

5.2　网箱设置处水深应大于4 m，网箱底部与水底的距离大于1.5 m。

5.3　设置密度

在静水水域中，饲养滤食性鱼类的网箱总面积应少于水域面积的1%；饲养吃食性鱼类的网箱总面积应少于水域面积的0.25%。

5.4　设置型式

网箱的设置型式见表5。

表5　　m

排列方式	网箱间距	网箱组间距	适宜网箱
品字形	3～5	≥50	大、中型箱
倒“八”字形或串联式	1～2	≥30	中、小型箱
棱形或“田”字形	1～2	≥15	小型箱

6　鱼种放养

6.1　鱼种质量

进箱饲养的各种鱼鱼种质量应分别符合GB 9956、GB/T 11776、GB/T 11777、GB/T

11778 和 GB 10030 的规定。其他鱼种也应要求品种纯、生长良好、体质健壮、无疾病，规格整齐。

6.2 网箱培育鱼种

6.2.1 进箱规格、出箱规格、参考密度见表 6。

表 6

饲养种类	进箱规格/cm	出箱规格/（g/尾）	参考密度尾/m^3
鲤 鱼	—	>30	400～600
草 鱼	—	>50	400～500
罗非鱼	4.0～6.7	>20	—
团头鲂	—	>30	—
鲢	—	>30	75～250
鳙	—	>50	75～250

6.2.2 放种时间视水温而定，一般在 6 月底以前。

6.3 网箱饲养食用鱼

6.3.1 进箱规格、出箱规格、放养量见表 7。

表 7

饲养种类	进箱规格/（g/尾）	出箱规格/（g/尾）	放养量/（kg/m^3）
鲤 鱼	30～150	>400	4～13
草 鱼	50～150	>750	4～8
罗非鱼	20～50	>200	3～8
团头鲂	30～50	>200	—
鲢	130～180	>750	—
鳙	200～350	>750	—

6.3.2 放鱼种时间视水温而定。对于暖水性鱼类，春季水温 13～15℃、秋季水温 15～18℃时放养。

6.3.3 年龄选择：除鲢、鳙鱼外，进箱鱼种应选择 1 冬龄以内的幼龄鱼。

7 饲养管理

7.1 投饵

7.1.1 投喂的饵料应符合饲养对象的营养需要。

7.1.2 颗粒饵料的粒径大小必须符合饲养对象的适口性。如：鲤鱼、罗非鱼、虹鳟鱼体大小与饵料粒径大小的关系见附录 A 表 A1。

7.1.3 投饵方法与投饵量见 SC/T 1007《淡水网箱养鱼 操作技术规程》。

8　网箱管理

见 SC/T 1007 第 6 章的规定。

9　鱼病防治

见 SC/T 1007 第 8 章的规定。

附　录　A
鲤鱼、罗非鱼、虹鳟鱼鱼体大小与饵料粒径大小的关系
（参考件）

表 A1

养殖对象	颗粒饵料的粒径/mm	鱼的大小	
		体重/g	体长/cm
鲤鱼	—	<1.0	<4.5
	0.5~1.0	1.0~3.0	4.5~5.8
	0.8~1.5	3.0~7.0	5.8~7.4
	1.5~2.4	7.0~12.0	7.4~9.4
	2.5	12~50	9.4~15
	3.5	50~100	15~18
	4.5	100~300	18~23
	6.0	>300	>23
罗非鱼	—	<1	<3
	0.2~0.6	—	—
	0.8~1.5	1~10	3~6
	1.5~2.4	10~50	6~10
	2.5	50~500	10~23
	3.2		
	4.8	>500	>23
	6.4		
虹鳟	0.3~0.5	<0.4	<3
	0.5~1.5	0.4~2	3~5
	0.8~1.5	2~4	5~7
	1.5~2.4	4~7	7~8.5
	2.4	7~14	8.5~10
	3.2	14~40	10~15
	4.8	40~250	15~30
	8.0	>250	>30

附加说明：

本标准由农业部水产司提出。

本标准由中国水产科学研究院长江水产研究所归口。

本标准由四川省水产局负责起草。

本标准主要起草人：何显荣、张凯、沈月涓。

十四、淡水网箱养鱼　操作技术规程

中华人民共和国水产行业标准　SC/T 1007－92

1　主题内容与适用范围

本标准规定了淡水网箱养鱼的网箱安装、鱼种进箱、投饵、网箱管理及鱼病防治等操作技术。

本标准适用于各类淡水水域中的网箱养鱼。

2　引用标准

SC/T 1006　淡水网箱养鱼　通用技术要求

3　网箱的安装

3.1　按 SC/T 1006 中第 4 章的规定选择所需的网箱和附属设施进行组装。

3.2　浮子与沉子以等距离分别安装在网箱的上纲与下纲。

3.3　所有扎结应牢固，不得松脱。

3.4　组装好的网箱下水前应仔细检查，发现破洞、开缝，立即进行修补。

3.5　网箱在水中的固定见 SC/T 1006 中 4.4.4.1 的规定。

4　鱼种进箱

4.1　检查网箱有无破损。

4.2　鱼种进箱前 7～10d 将网箱置于选择好的水域。

4.3　鱼种消毒

进箱鱼种应进行消毒处理（见表 1）。

表 1

药物	浓度/（mg/L）	时间/min	方法
高锰酸钾溶液	10	5～10	浸洗鱼体
孔雀石绿溶液	10	5～10	
食盐和小苏打溶液	食盐：1%；小苏打：1%	时间视鱼种耐受力决定	

4.4　同一网箱的进箱鱼种规格应一致，并一次放足。

5 投饵

5.1 投饵训练

鱼种进箱后 1 ~ 2 d 开始投饵，初期投饵量少次多，约 7 ~ 10 d 后再按正常要求投饵，进箱鱼种若来源于网箱培育则无需投饵训练。

5.2 投饵量的确定

表 2

月 份	4	5	6	7	8	9	10
平均水温/℃	13	17	22	7	28	23	16
月投饵量占总饵料量的百分比/%	5 ~ 7	7 ~ 10	15	20	20	20 ~ 15	15 ~ 10
日投饵率/%	2 ~ 3	3 ~ 4	3 ~ 4	3 ~ 5	3 ~ 5	2 ~ 3	1 ~ 2

注：日投饵率指每天投饵量与鱼体总重量的百分比。

5.2.1 饵料量的确定：根据鱼的估计增重倍数和饵料系数估算饲养期间的饵料量，若饲养期间的饵料量已知，即按水温高低逐月逐旬分配投饵量、投饵率。

例如：长江以南地区网箱养鲤鱼若总的投饵量已知，4—10 月（饲养期）的投饵量可按表 2 分配。

5.2.2 定期抽样检查网箱内鱼群的增重量，参照投饵率，调整投饵量。

投饵量 = 网箱内鱼群的重量 × 投饵率

体重 50 g/尾以上的鲤鱼的投饵率见附录 A 表 A1。

体重 50 g/尾以下的鲤鱼的投饵率见附录 A 表 A2。

罗非鱼的投饵率见附录 A 表 A3。

虹鳟的投饵率见附录 A 表 A4。

5.2.3 每次投饵量以 70% ~ 80% 的鱼不抢食为度。

5.3 投饵次数、时间及其对应的鱼的规格见表 3。

表 3

鱼的规格/（g/尾）	投饵次数次/d	持续时间/（min/次・箱）
<50	6 ~ 10	>20
>50	3 ~ 6	—

人工投饵还应根据鱼群抢食情况灵活掌握投饵次数及投饵持续时间。

6 网箱管理

6.1 随时观察鱼群情况，防止网箱破损逃鱼，7 d 检查一次网箱。

6.2 遇洪水、大风浪时应注意网箱位置的调整。

6.3 适时移箱。

6.4　根据鱼的生长情况及时换箱、分箱。

6.5　作好水温、鱼病防治、投饵等日志。

6.6　饲养滤食性鱼类的网箱应经常清除附着物，附着物的清除方法见表4。

表4

人工清洗	用刷子刷洗或用竹片抽打箱体网衣
机械清洗	用高压水枪或潜水泵冲洗箱体网衣
生物清除法	在箱内放养部分（3%～5%）鲤、鲫、鲮、罗非鱼、鲴等鱼类

7　越冬

7.1　沉箱越冬

7.1.1　越冬环境：水温大于0.5℃，溶解氧大于4 mg/L，覆冰厚度小于0.8 m，水位落差小于0.2 m。

7.1.2　网箱设置深度：网箱顶部与冰层的距离大于1 m，沉箱深度冰下2.5～3.0 m，网箱底部与水底的距离大于1.5 m。

7.1.3　越冬鱼群密度小于10 kg/m^3。

7.1.4　鱼类进箱时的水温小于10℃，选择无风晴朗天气进箱，操作小心，避免擦伤鱼体。待冰封前15～20 d左右，将网箱沉到预定水层。

7.1.5　日常管理：设置观察箱，观察鱼种越冬情况；定期测定箱内外溶氧、水温、pH值等理化因子。网箱区禁止滑冰，禁止车辆运行，及时扫除冰上积雪。

7.2　设置于冬季无冰封期水域的网箱可不沉箱，但应加强管理。

8　病害防治

8.1　总原则：防重于治，预防为主。

8.2　病害预防

8.2.1　放养、运输等操作应细心，防止鱼体受伤。

8.2.2　病鱼、死鱼及时捞出，部分网箱发病时应注意其他未发病网箱的预防。

8.2.3　防止鸟类伤害网箱内的鱼群。

8.2.4　定期用漂白粉挂篓或硫酸铜挂袋，生石灰水全箱泼洒。

8.2.5　注射疫苗。

8.2.6　定期投喂药饵。

8.2.7　暴雨后注意防病。

8.3　鱼病治疗

8.3.1　投喂药饵或药液浸清洗鱼体。

8.3.2　水霉病、肠炎病等病的治疗见附录B表B1。

9 出箱验收

9.1 验收内容包括鱼的品种、数量、重量、规格、成活率、合格率，计算单产和效益。

9.2 当年鱼种出箱应在秋季水温18℃以下时进行，出箱前应适当密集锻炼；越冬鱼种出箱应在水温15℃以下时进行，操作应小心，防止伤鱼。

附录A
鲤鱼、罗非鱼和虹鳟的投饵率

表A1 体重50 g/尾以上鲤鱼的投饵率 %

鱼体重/（g/尾） 水温/℃	50~100	101~200	201~300	301~700	701~800	801~900
15	2.4	1.9	1.6	1.3	1.1	0.8
16	2.6	2.0	1.7	1.4	1.1	0.8
17	2.8	2.2	1.8	1.5	1.2	0.9
18	3.0	2.3	1.9	1.7	1.3	1.0
19	3.2	2.5	2.0	1.8	1.4	1.0
20	3.4	2.7	2.2	1.9	1.5	1.1
21	3.6	2.9	2.3	2.0	1.6	1.2
22	3.9	3.1	2.5	2.2	1.7	1.3
23	4.2	3.3	2.7	2.3	1.8	1.4
24	4.5	3.5	2.9	2.5	2.0	1.5
25	4.8	3.8	3.1	2.7	2.1	1.6
26	5.2	4.1	3.0	2.9	2.3	1.7
27	5.5	4.4	3.5	3.1	2.4	1.8
28	5.9	4.7	3.8	3.3	2.6	1.9
29	6.3	5.0	4.1	3.5	2.8	2.1
30	6.8	5.4	4.4	3.8	3.0	2.2

表A2 体重50 g/尾以下鲤鱼的投饵率 %

鱼重（g/尾） 水温/℃	2.0~5.0	5.1~10.0	10.1~20.0	20.1~30.0	30.1~40.0	40.1~50.0
15	4.9	4.1	3.3	3.1	2.7	2.2
16	5.2	4.4	3.5	3.3	2.9	2.3
17	5.5	4.7	3.7	3.6	3.1	2.5

续表

水温/℃ \ 鱼重/（g/尾）	2.0～5.0	5.1～10.0	10.1～20.0	20.1～30.0	30.1～40.0	40.1～50.0
18	5.8	5.0	4.0	3.9	3.4	2.7
19	6.3	5.4	4.4	4.2	3.7	2.9
20	6.9	5.9	4.9	4.6	4.0	3.2
21	7.5	6.4	5.2	4.9	4.3	3.4
22	8.1	6.9	5.6	5.3	4.5	3.6
23	8.7	7.4	6.0	5.6	4.9	3.9
24	9.2	7.9	6.4	6.0	5.1	4.1
25	9.8	8.2	6.7	6.2	5.4	4.4
26	10.4	8.8	7.0	6.6	5.8	4.6
27	11.0	9.4	7.5	7.2	6.2	5.0
28	11.6	10.0	8.1	7.8	6.8	5.4
29	12.6	10.8	8.9	8.4	7.4	5.8
30	13.8	11.8	9.8	9.2	8.0	6.4

表 A3　罗非鱼的投饵率

%

水温/℃ \ 鱼体重/（g/尾）	＜50	50～200	201～500	500
15～17	1～2	1～2	0.5～1	0.1～0.5
17～20	2～4	2～3	1～2	0.5～1.0
20～25	4～6	3～4	2～3	1.0～1.5
25～30	6～8	4～6	3～4	1.5～2.0
＞30	4～6	3～4	2～3	1.0～1.5

表 A4　虹鳟的投饵率

%

水温/℃ \ 鱼体重/g	<0.18	0.18～1.5	1.6～5.1	5.2～12	13～23	24～39	40～62	63～92	93～100	101～180	>180
全长/cm	<2.5	2.5～5.0	5.0～7.5	7.5～10	10～12.5	12.5～15.0	15.0～17.5	17.5～20.0	20.0～22.5	22.5～25.0	>25.0
2	2.1	1.8	1.4	1.0	1.0	0.8	0.7	0.6	0.5	0.5	0.4
3	2.2	1.8	1.4	1.1	1.1	0.9	0.7	0.6	0.6	0.5	0.4
4	2.5	2.0	1.6	1.3	1.2	1.0	0.8	0.7	0.6	0.6	0.5
5	2.6	2.2	1.8	1.4	1.3	1.1	0.9	0.8	0.7	0.6	0.5
6	2.9	2.4	1.9	1.5	1.5	1.2	1.0	0.8	0.8	0.7	0.6
7	3.1	2.6	2.1	1.6	1.6	1.3	1.1	0.9	0.8	0.8	0.7
8	3.4	2.8	2.2	1.8	1.7	1.4	1.2	1.0	0.9	0.8	0.7
9	3.6	3.0	2.5	1.9	1.8	1.5	1.3	1.1	1.0	0.9	0.8

续表

鱼体重/g 全长/cm 水温/℃	<0.18	0.18~1.5	1.6~5.1	5.2~12	13~23	24~39	40~62	63~92	93~100	101~180	>180
	<2.5	2.5~5.0	5.0~7.5	7.5~10	10~12.5	12.5~15.0	15.0~17.5	17.5~20.0	20.0~22.5	22.5~25.0	>25.0
10	3.9	3.4	2.6	2.1	2.0	1.6	1.4	1.2	1.1	0.9	0.8
11	4.2	3.6	2.9	2.2	2.1	1.7	1.5	1.3	1.1	1.0	0.9
12	4.6	3.8	3.1	2.4	2.3	1.8	1.6	1.4	1.2	1.1	1.0
13	5.0	4.2	3.4	2.6	2.4	2.0	1.7	1.5	1.3	1.1	1.1
14	5.4	4.5	3.6	2.8	2.6	2.1	1.8	1.6	1.4	1.2	1.2
15	5.8	4.8	3.9	3.0	2.8	2.3	1.9	1.7	1.5	1.3	1.3
16	6.2	5.1	4.2	3.3	3.1	2.5	2.0	1.8	1.6	1.4	1.3
17	6.6	5.4	4.5	3.5	3.3	2.7	2.1	1.9	1.7	1.5	1.4
18	7.0	5.8	4.8	3.8	3.5	2.8	2.2	2.0	1.8	1.6	1.5
19	7.4	6.3	5.1	4.1	3.8	3.0	2.3	2.1	1.9	1.7	1.6
20	7.9	6.6	5.5	4.4	4.0	3.2	2.5	2.2	2.0	1.8	1.7

注：表A1~表A4为直接引用日本栗原、田崎氏、大渡氏等人的研究成果。

附录 B
几种鱼病的治疗方法

表 B1

病名	感染对象	药物	剂量或浓度	用药持续时间	方法
水霉病	鲤鱼、草鱼、鲢、鳙	克霉唑	100 kg 饲料加药 50 g	7~10d	投喂
肠炎病	草鱼、鲤鱼、罗非鱼	磺胺胍或大蒜素	50 kg 鱼用药 5 g 拌入饲料，第 2~7 d 药量减半	7d	
粘孢子虫病	鲤鱼	晶体敌百虫	10 mg/L	20~30 min	浸洗
		晶体敌百虫	2 mg/L	—	全箱泼洒
		福尔马林	100 mg/L	鱼浮头即放	浸洗
车轮虫病 杯体虫病	—	福尔马林	第一次 100 mg/L 第二次 250 mg/L	20~30 min 7~13 min	

附加说明：

本标准由农业部水产司提出。

本标准由中国水产科学研究院长江水产研究所归口。

本标准由四川省水产局负责起草。

本标准主要起草人：何显荣、张凯、沈月涓。

十五、渔业水质标准

中华人民共和国国家标准　GB/T 11607－89

为贯彻执行中华人民共和国《环境保护法》、《水污染防治法》和《海洋环境保护法》、《渔业法》，防止和控制渔业水域水质污染，保证鱼、贝、藻类正常生长、繁殖和水产品的质量，特制订本标准。

1　主题内容与适用范围

本标准适用鱼虾类的产卵场、索饵、越冬场、洄游通道和水产增养殖区等海、淡水的渔业水域。

2　引用标准

GB 5750	生活饮用水标准检验法		
GB 6920	水质	pH 值的测定	玻璃电极法
GB 7467	水质	六价铬的测定	二碳酰二肼分光光度法
GB 7468	水质	总汞测定	冷原子吸收分光光度法
GB 7469	水质	总汞测定	高锰酸钾－过硫酸钾消除法双硫腙分光光度法
GB 7470	水质	铅的测定	双硫腙分光光度法
GB 7471	水质	镉的测定	双硫腙分光光度法
GB 7472	水质	锌的测定	双硫腙分光光度法
GB 7474	水质	铜的测定	二乙基二硫代氨基甲酸钠分光光度法
GB 7475	水质	铜、锌、铅、镉的测定	原子吸收分光光度法
GB 7479	水质	铵的测定	纳氏试剂比色法
GB 7481	水质	氨的测定	水杨酸分光光度法
GB 7482	水质	氟化物的测定	茜素磺酸锆目视比色法
GB 7484	水质	氟化物的测定	离子选择电极法
GB 7485	水质	总砷的测定	二乙基二硫代氨基甲酸银分光光度法
GB 7486	水质	氰化物的测定	第一部分：总氰化物的测定
GB 7488	水质	五日生化需氧量（BOD_5）	稀释与接种法
GB 7489	水质	溶解氧的测定	碘量法
GB 7490	水质	挥发酚的测定	蒸馏后 4－氨基安替比林分光光度法
GB 7492	水质	六六六、滴滴涕的测定	气相色谱法

续表

GB 5750	生活饮用水标准检验法		
GB 8972	水质	五氯酚的测定	气相色谱法
GB 9803	水质	五氯酚钠的测定	藏红 T 分光光度法
GB 11891	水质	凯氏氮的测定	
GB 11901	水质	悬浮物的测定	重量法
GB 11910	水质	镍的测定	丁二铜肟分光光度法
GB 11911	水质	铁、锰的测定	火焰原子吸收分光光度法
GB 11912	水质	镍的测定	火焰原子吸收分光光度法

3 渔业水质要求

3.1 渔业水域的水质，应符合渔业水质标准（见表1）

表1 渔业水质标准 mg/L

项目序号	项 目	标 准 值
1	色、臭、味	不得使鱼、虾、贝、藻类带有异色、异臭、异味
2	漂浮物质	水面不得出现明显油膜或浮沫
3	悬浮物质	人为增加的量不得超过10，而且悬浮物质沉积于底部后，不得对鱼、虾、贝类产生有害的影响
4	pH 值	淡水 6.5～8.5，海水 7.0～8.5
5	溶解氧	连续 24 h 中，16 h 以上必须大于5，其余任何时候不得低于3，对于鲑科鱼类栖息水域和冰封期其余任何时侯不得低于4
6	生化需氧量（5 d、20℃）	不超过5，冰封期不超过3
7	总大肠菌群	不超过 5 000 个/L（贝类养殖水质不超过 500 个/L）
8	汞	≤0.000 5
9	镉	≤0.005
10	铅	≤0.05
11	铬	≤0.1
12	铜	≤0.01
13	锌	≤0.1
14	镍	≤0.05
15	砷	≤0.05
16	氰化物	≤0.005
17	硫化物	≤0.2
18	氟化物（以 F^- 计）	≤1
19	非离子氨	≤0.02

续表

项目序号	项 目	标 准 值
20	凯氏氮	≤0.05
21	挥发性酚	≤0.005
22	黄磷	≤0.001
23	石油类	≤0.05
24	丙烯腈	≤0.5
25	丙烯醛	≤0.02
26	六六六（丙体）	≤0.002
27	滴滴涕	≤0.001
28	马拉硫磷	≤0.005
29	五氯酚钠	≤0.01
30	乐果	≤0.1
31	甲胺磷	≤1
32	甲基对硫磷	≤0.000 5
33	呋喃丹	≤0.01

3.2　各项标准数值系指单项测定最高允许值。

3.3　标准值单项超标，即表明不能保证鱼、虾、贝正常生长繁殖，并产生危害，危害程度应参考背景值、渔业环境的调查数据及有关渔业水质基准资料进行综合评价。

4　渔业水质保护

4.1　任何企、事业单位和个体经营者排放的工业废水、生活污水和有害废弃物，必须采取有效措施，保证最近渔业水域的水质符合本标准。

4.2　未经处理的工业废水、生活污水和有害废弃物严禁直接排入鱼、虾类的产卵场、索饵场、越冬场和鱼、虾、贝、藻类的养殖场及珍贵水生动物保护区。

4.3　严禁向渔业水域排放含病源体的污水；如需排放此类污水，必须经过处理和严格消毒。

5　标准实施

5.1　本标准由各级渔政监督管理部门负责监督与实施，监督实施情况，定期报告同级人民政府环境保护部门。

5.2　在执行国家有关污染物排放标准中，如不能满足地方渔业水质要求时，省、自治区、直辖市人民政府可制定严于国家有关污染排放标准的地方污染物排放标准，以保证渔业水质的要求，并报国务院环境保护部门和渔业行政主管部门备案。

5.3　本标准以外的项目，若对渔业构成明显危害时，省级渔政监督管理部门应组织有关单位制订地方补充渔业水质标准，报省级人民政府批准，并报国务院环境保护部门和渔业行政主管部门备案。

5.4　排污口所在水域形成的混合区不得影响鱼类洄游通道。

6　水质监测

6.1　本标准各项目的监测要求，按规定分析方法（见表2）进行监测。

6.2　渔业水域的水质监测工作，由各级渔政监督管理部门组织渔业环境监测站负责执行。

表2　渔业水质分析方法

序号	项目	测定方法	试验方法 标准编号
3	悬浮物质	重量法	GB 11901
4	pH值	玻璃电极法	GB 6920
5	溶解氧	碘量法	GB 7489
6	生化需氧量	稀释与接种法	GB 7488
7	总大肠菌群	多管发酵法滤膜法	GB 5750
8	汞	冷原子吸收分光光度法 高锰酸钾－过硫酸钾消解 双硫腙分光光度法	GB 7468 GB 7469
9	镉	原子吸收分光光度法 双硫腙分光光度法	GB 7475 GB 7471
10	铅	原子吸收分光光度法 双硫腙分光光度法	GB 7475 GB 7470
11	铬	二苯碳酰二肼分光光度法（高锰酸盐氧化）	GB 7467
12	铜	原子吸收分光光度法 二乙基二硫代氨基甲酸钠分光光度法	GB 7475 GB 7474
13	锌	原子吸收分光光度法 双硫腙分光光度法	GB 7475 GB 7472
14	镍	火焰原子吸收分光光度法 丁二铜肟分光光度法	GB 11912 GB 11910
15	砷	二乙基二硫代氨基甲酸银分光光度法	GB 7485
16	氰化物	异烟酸－吡啶啉酮比色法 吡啶 －巴比妥酸比色法	GB 7486
17	硫化物	对二甲氨基苯胺分光光度法[1]	
18	氟化物	茜素磺锆目视比色法 离子选择电极法	GB 7482 GB 7484
19	非离子氨[2]	纳氏试剂比色法 水杨酸分光光度法	GB 7479 GB 7481
20	凯氏氮		GB 11891

续表

序号	项目	测定方法	试验方法 标准编号
21	挥发性酚	蒸馏后4－氨基安替比林分光光度法	GB 7490
22	黄磷		
23	石油类	紫外分光光度法[1]	
24	腈丙烯	高锰酸钾转化法[1]	
25	丙烯醛	4－乙基间苯二酚分光光度法	
26	六六六（丙体）	气相色谱法	GB 7492
27	滴滴涕	气相色谱法	GB 7492
28	马拉硫磷	气相色谱法[1]	
29	五氯酚钠	气相色谱法 藏红剂分光光度法	GB 8972 GB 9803
30	乐果	气相色谱法[3]	
31	甲胺磷		
32	甲基对硫磷	气相色谱法[3]	
33	呋喃丹		

注：暂时采用下列方法，待国家标准发布后，执行国家标准。

1）渔业水质检验方法为农牧渔业部1983年颁布。

2）测得结果为总氨浓度，然后按表A1、表A2换算为非离子浓度。

3）地面水水质监测检验方法为中国医学科学院卫生研究所1978年颁布。

十六、无公害食品　淡水养殖用水水质

中华人民共和国农业行业标准　NY 5051－2001

1　范围

本标准规定了淡水养殖用水水质要求、测定方法、检验规则和结果判定。

本标准适用于淡水养殖用水。

2　规范性引用文件

下列文件中的条款通过本标准的引用而成为本标准的条款。凡是注日期的引用文件，其随后所有的修改单（不包括勘误的内容）或修订版均不适用于本标准，然而，鼓励根据本标准达成协议的各方研究是否可使用这些文件的最新版本。凡是不注日期的引用文件，其最新版本适用于本标准。

GB/T 5750 生活饮用水标准检验法

GB/T 7466 水质　总铬的测定

GB/T 7468 水质　总汞的测定　冷原子吸收分光光度法

GB/T 7469 水质　总汞的测定　高锰酸钾－过硫酸钾消解法 双硫腙分光光度法

GB/T 7470 水质　铅的测定　双硫腙分光光度法

GB/T 7471 水质　镉的测定　双硫腙分光光度法

GB/T 7472 水质　锌的测定　双硫腙分光光度法

GB/T 7473 水质　铜的测定　2，9－二甲基－1，10－菲罗啉分光光度法

GB/T 7474 水质　铜的测定　二乙基二硫代氨基甲酸钠分光光度法

GB/T 7475 水质　铜、锌、铅、镉的测定　原子吸收分光光度法

GB/T 7482 水质　氟化物的测定　茜素磺酸锆目视比色法

GB/T 7483 水质　氟化物的测定　氟试剂分光光度法

GB/T 7484 水质　氟化物的测定　离子选择电极法

GB/T 7485 水质　总砷的测定　二乙基二硫代氨基甲酸银分光光度法

GB/T 7490 水质　挥发酚的测定　蒸馏后 4－氨基安替比林分光光度法

GB/T 7491 水质　挥发酚的测定　蒸馏后溴化容量法

GB/T 7492 水质　六六六、滴滴涕的测定 气相色谱法

GB/T 8538 饮用天然矿泉水检验方法

GB 11607 渔业水质标准

GB/T 12997 水质　采样方案设计技术规定

GB/T 12998 水质　采样技术指导

GB/T 12999 水质采样　样品的保存和管理技术规定

GB/T 13192 水质　有机磷农药的测定　气相色谱法

GB/T 16488 水质　石油类和动植物油的测定　红外光度法

3　要求

（1）淡水养殖水源应符合 GB 11607 规定。

（2）淡水养殖用水水质应符合表 1 要求。

表 1　淡水养殖用水水质要求

序　号	项　　目	标　　准　　值
1	色、臭、味	不得使养殖水体带有异色、异臭、异味
2	总大肠菌群，个/L	≤5 000
3	汞，mg/L	≤0.000 5
4	镉，mg/L	≤0.005
5	铅，mg/L	≤0.05
6	铬，mg/L	≤0.1
7	铜，mg/L	≤0.01
8	锌，mg/L	≤0.1
9	砷，mg/L	≤0.05
10	氟化物，mg/L	≤1
11	石油类，mg/L	≤0.05
12	挥发性酚，mg/L	≤0.005
13	甲基对硫磷，mg/L	≤0.000 5
14	马拉硫磷，mg/L	≤0.005
15	乐果，mg/L	≤0.1
16	六六六（丙体），mg/L	≤0.002
17	DDT，mg/L	0.001

4　测定方法

淡水养殖用水水质测定方法见表 2。

表 2　淡水养殖用水水质测定方法

序号	项目	测定方法	测试方法标准编号	检测下限 mg/L
1	色、臭、味	感官法	GB/T 5750	–
2	总大肠菌群	（1）多管发酵法 （2）滤膜法	GB/T 5750	–

续表

序号	项目	测定方法	测试方法标准编号	检测下限 mg/L
3	汞	(1) 原子荧光光度法	GB/T 8538	0.000 05
		(2) 冷原子吸收分光光度法	GB/T 7468	0.000 05
		(3) 高锰酸钾 + 过硫酸钾消解 双硫腙分光光度法	GB/T 7469	0.002
4	镉	(1) 原子吸收分光光度法	GB/T 7475	0.001
		(2) 双硫腙分光光度法	GB/T 7471	0.001
5	铅	(1) 原子吸收分光光度法 螯合萃取法	GB/T 7475	0.01
		(1) 原子吸收分光光度法 直接法		0.01
		(2) 双硫腙分光光度法	GB/T 7470	0.2
6	铬	二苯碳酰二肼分光光度法（高锰酸盐氧化法）	GB/T 7466	0.004
7	砷	(1) 原子荧光光度法	GB/T 8538	0.000 04
		(2) 二乙基二硫代氨基甲酸银分光光度法	GB/T 7485	0.007
8	铜	(1) 原子吸收分光光度法 螯合萃取法	GB/T 7475	0.001
		(1) 原子吸收分光光度法 直接法		0.05
		(2) 二乙基二硫代氨基甲酸钠分光光度法	GB/T 7474	0.010
		(3) 2，9 - 二甲基 - 1，10 - 菲罗啉分光光度法	GB/T 7473	0.06
9	锌	(1) 原子吸收分光光度法	GB/T 7475	0.05
		(2) 双硫腙分光光度法	GB/T 7472	0.005
10	氟化物	(1) 茜素磺酸锆目视比色法	GB/T 7482	0.05
		(2) 氟试剂分光光度法	GB/T 7483	0.05
		(3) 离子选择电极法	GB/T 7484	0.05
11	石油类	(1) 红外分光光度法	GB/T 16488	0.01
		(2) 非分散红外光度法		0.02
		(3) 紫外分光光度法	《水和废水监测分析方法》（国家环保局）	0.05
12	挥发酚	(1) 蒸馏后 4 - 氨基安替比林分光光度法	GB/T 7490	0.002
		(2) 蒸馏后溴化容量法	GB/T 7491	-
13	甲基对硫磷	气相色谱法	GB/T 13192	0.000 42
14	马拉硫磷	气相色谱法	GB/T 13192	0.000 64
15	乐果	气相色谱法	GB/T 13192	0.000 57

续表

序号	项目	测定方法	测试方法标准编号	检测下限 mg/L
16	六六六	气相色谱法	GB/T 7492	0.000 004
17	DDT	气相色谱法	GB/T 7492	0.000 2

注：对同一项目有两个或两个以上测定方法的，当对测定结果有异议时，方法（1）为仲裁测定方法。

5　检验规则

检测样品的采集、贮存、运输和处理按 GB/T 12997、GB/T 12998 和 GB/T 12999 的规定执行。

6　结果判定

本标准采用单项判定法，所列指标单项指标，判定为不合格。

十七、无公害食品　海水养殖用水水质

中华人民共和国农业行业标准　NY 5052－2001

前　言

本标准的全部技术内容为强制性。

本标准以现行的 GB 3097－1997《海水水质标准》和 GB 11607－1989《渔业水质标准》为基础，参考国外一些国家的相关标准，并结合国内在海水养殖环境、生物体内重金属残留、毒性毒理及微生物等方面的研究成果，以确保海水养殖产品安全性为原则，特别突出了对重金属、农药等为重点的公害物质的控制。本标准作为检测、评价海水养殖水体是否符合无公害水产品养殖环境条件要求的依据。

本标准由中华人民共和国农业部提出。

本标准主要起草单位：中国水产科学研究院黄海水产研究所。

本标准主要起草人：马绍赛、辛福言、赵俊、曲克明、崔毅、陈碧鹃。

1　范围

本标准规定了海水养殖用水水质要求、测定方法、检验规则和结果判定。

本标准适用于海水养殖用水。

2　规范性引用文件

下列文件中的条款通过本标准的引用而成为本标准的条款。凡是注日期的引用文件，其随后所有的修改单（不包括勘误的内容）或修订版均不适用于本标准，然而，鼓励根据本标准达成协议的各方研究是否可使用这些文件的最新版本。凡是不注日期的引用文件，其最新版本适用于本标准。

GB/T 7467 水质　六价铬的测定　二苯碳酰二肼分光光度法

GB/T 12763.2 海洋调查规范　海洋水文观测

GB/T 12763.4 海洋调查规范　海水化学要素观测

GB/T 13192 水质　有机磷农药的测定　气相色谱法

GB 17378（所有部分）海洋监测规范

3　要求

海水养殖用水水质应符合表 1 要求。

表 1　海水养殖用水水质要求

序　号	项　　　目	标　　准　　值
1	色、臭、味	海水养殖水体不得有异色、异臭、异味
2	大肠菌群，个/L	≤5 000，供人生食的贝类养殖水质≤500
3	粪大肠菌群，个/L	≤2 000，供人生食的贝类养殖水质≤140
4	汞，mg/L	≤0. 000 2
5	镉，mg/L	≤0. 005
6	铅，mg/L	≤0. 05
7	六价铬，mg/L	≤0. 01
8	总铬，mg/L	≤0. 1
9	砷，mg/L	≤0. 03
10	铜，mg/L	≤0. 01
11	锌，mg/L	≤0. 1
12	硒，mg/L	≤0. 02
13	氰化物，mg/L	≤0. 005
14	挥发性酚，mg/L	≤0. 005
15	石油类，mg/L	≤0. 05
16	六六六，mg/L	≤0. 001
17	滴滴涕，mg/L	≤0. 000 05
18	马拉硫磷，mg/L	≤0. 000 5
19	甲基对硫磷，mg/L	≤0. 000 5
20	乐果，mg/L	≤0. 1
21	多氯联苯，mg/L	≤0. 000 02

4　测定方法

海水养殖用水水质按表 2 提供方法进行分析测定。

表 2　海水养殖水质项目测定方法

序号	项目	分析方法	检出限，mg/L	依据标准
1	色、臭、味	（1）比色法 （2）感官法	– –	GB/T 12763. 2 GB 17378
2	大肠菌群	（1）发酵法（2）滤膜法	–	GB 17378
3	粪肠菌群	（1）发酵法（2）滤膜法	–	GB 17378
4	汞	（1）冷原子吸收分光光度法 （2）金捕集冷原子吸收分光光度法 （3）双硫棕分光光度法	1.0×10^{-6} 2.7×10^{-6} 4.0×10^{-4}	GB 17378 GB 17378 GB 17378

续表

序号	项目	分析方法	检出限，mg/L	依据标准
5	镉	（1）双硫腙分光光度法 （2）火焰原子吸收分光光度法 （3）阳极溶出伏安法 （4）无火焰原子吸收分光光度法	3.6×10^{-3} 9.0×10^{-5} 1.0×10^{-5}	GB 17378 GB 17378 GB 17378 GB 17378
6	铅	（1）双硫腙分光光度法 （2）阳极溶出伏安法 （3）无火焰原子吸收分光光度法 （4）火焰原子吸收分光光度法	1.4×10^{-3} 3.0×10^{-4} 3.0×10^{-5} 1.8×10^{-3}	GB 17378 GB 17378 GB 17378 GB 17378
7	六价铬	二苯碳酰二肼分光光度法	4.0×10^{-3}	GB/T 7467
8	总铬	（1）二苯碳酰二肼分光光度法 （2）无火焰原子吸收分光光度法	3.0×10^{-4} 4.0×10^{-4}	GB 17378 GB 17378
9	砷	（1）砷化氢－硝酸银分光光度法 （2）氢化物发生原子吸收分光光度法 （3）催化极谱法	4.0×10^{-4} 6.0×10^{-5} 1.1×10^{-3}	GB 17378 GB 17378 GB 7485
10	铜	（1）二乙氨基二硫代甲酸钠分光光度法 （2）无火焰原子吸收分光光度法 （3）阳极溶出伏安法 （4）火焰原子吸收分光光度法	8.0×10^{-5} 2.0×10^{-4} 6.0×10^{-4} 1.1×10^{-3}	GB 17378 GB 17378 GB 17378 GB 17378
11	锌	（1）双硫腙分光光度法 （2）阳极溶出伏安法 （3）火焰原子吸收分光光度法	1.9×10^{-3} 1.2×10^{-3} 3.1×10^{-3}	GB 17378 GB 17378 GB 17378
12	硒	（1）荧光分光光度法 （2）二氨基联苯胺分光光度法 （3）催化极谱法	2.0×10^{-4} 4.0×10^{-4} 1.0×10^{-4}	GB 17378 GB 17378 GB 17378
13	氰化物	（1）异烟酸－吡唑啉酮分光光度法 （2）吡啶－巴比士酸分光光度法	5.0×10^{-4} 3.0×10^{-4}	GB 17378 GB 17378
14	挥发性酚	蒸馏后 4－氨基安替比林分光光度法	1.1×10^{-3}	GB 17378
15	石油类	（1）环己烷萃取荧光分光光度法 （2）紫外分光光度法 （3）重量法	6.5×10^{-3} 3.5×10^{-3} 0.2	GB 17378 GB 17378 GB 17378
16	六六六	气相色谱法	1.0×10^{-6}	GB 17378
17	滴滴涕	气相色谱法	3.8×10^{-6}	GB 17378
18	马拉硫磷	气相色谱法	6.4×10^{-4}	GB/T 13192
19	甲基对硫磷	气相色谱法	4.2×10^{-4}	GB/T 13192
20	乐果	气相色谱法	5.7×10^{-4}	GB/T 13192
21	多氯联苯	气相色谱法		GB 17378

注：部分有多种测定方法的指标，在测定结果出现争议时，以方法（1）测定为仲裁结果。

5　检验规则

海水养殖用水水质监测样品的采集、贮存、运输和预处理按 GB/T 12763.4 和 GB 17378.3 的规定执行。

6　结果判定

本标准采用单项判定法，所列指标单项超标，判定为不合格。

十八、海水水质标准

中华人民共和国国家标准 GB 3097－1997 代替 GB 3097－82

1 主题内容与标准适用范围

本标准规定了海域各类使用功能的水质要求。
本标准适用于中华人民共和国管辖的海域。

2 引用标准

下列标准所含条文，在本标准中被引用即构成本标准的条文，与本标准同效。
GB12763.4－91 海洋调查规范 海水化学要素观测
HY 003－91 海洋监测规范
GB 12763.2－91 海洋调查规范 海洋水文观测
GB 7467－87 水质 六价铬的测定 二苯碳酰二肼分光光度法
GB 7485－87 水质 总砷的测定 二乙基二硫代氨基甲酸银分光光度法
GB 11910－89 水质 镍的测定 丁二酮肟分光光度法
GB 11912－89 水质 镍的测定 火焰原子吸收分光光度法
GB 13192－91 水质 有机磷农药的测定 气相色谱法
GB 11895－89 水质 苯并（a）芘的测定 乙酰化滤纸层析荧光分光光度法
当上述标准被修订时，应使用其最新版本。

3 海水水质分类与标准

3.1 海水水质分类

按照海域的不同使用功能和保护目标，海水水质分为四类：
第一类 适用于海洋渔业水域，海上自然保护区和珍稀濒危海洋生物保护区。
第二类 适用于水产养殖区，海水浴场，人体直接接触海水的海上运动或娱乐区，以及与人类食用直接有关的工业用水区。
第三类 适用于一般工业用水区，滨海风景旅游区。
第四类 适用于海洋港口水域，海洋开发作业区。

3.2 海水水质标准

各类海水水质标准列于表 1。

表1　海水水质标准　mg/L

序号	项目	第一类	第二类	第三类	第四类
1	漂浮物质	海面不得出现油膜、浮沫和其他漂浮物质			无明显油膜、浮沫和其他漂浮物质
2	色、臭、味	海水不得有异色、异臭、异味			海水不得有令人厌恶和感到不快的色、臭、味
3	悬浮物质	人为增加的量≤10		人为增加的量≤100	人为增加的量≤150
4	大肠菌群≤（个/L）	10 000 供人生食的贝类增养殖水质≤700			-
5	粪大肠菌群≤（个/L）	2 000 供人生食的贝类增养殖水质≤140			-
6	病原体	供人生食的贝类养殖水质不得含有病原体			
7	水温（℃）	人为造成的海水温升夏季不超过当时当地1℃，其他季节不超过2℃			人为造成的海水温升不超过当时当地4℃
8	pH	7.8～8.5 同时不超出该海域正常变动范围的0.2pH单位			6.8～8.8 同时不超出该海域正常变动范围的0.5pH单位
9	溶解氧＞	6	5	4	3
10	化学需氧量≤（COD）	2	3	4	5
11	生化需氧量≤（BOD5）	1	3	4	5
12	无机氮≤（以N计）	0.20	0.30	0.40	0.50
13	非离子氨≤（以N计）	0.020			
14	活性磷酸盐≤（以P计）	0.015	0.030		0.045
15	汞≤	0.000 05	0.000 2		0.000 5
16	镉≤	0.001	0.005	0.010	
17	铅≤	0.001	0.005	0.010	0.050
18	六价铬≤	0.005	0.010	0.020	0.050
19	总铬≤	0.05	0.10	0.20	0.50
20	砷≤	0.020	0.030	0.050	
21	铜≤	0.005	0.010	0.050	
22	锌≤	0.020	0.050	0.10	0.50
23	硒≤	0.010	0.020		0.050
24	镍≤	0.005	0.010	0.020	0.050
25	氰化物≤	0.005		0.10	0.20
26	硫化物≤（以S计）	0.02	0.05	0.10	0.25
27	挥发性酚≤	0.005		0.010	0.050
28	石油类≤	0.05		0.30	0.50
29	六六六≤	0.001	0.002	0.003	0.005
30	滴滴涕≤	0.000 05	0.000 1		
31	马拉硫磷≤	0.000 5	0.001		

续表

序号	项目	第一类	第二类	第三类	第四类
32	甲基对硫磷≤	0.000 5	0.001		
33	苯并（a）芘≤（μg/L）	0.002 5			
34	阴离子表面活性剂（以 LAS 计）	0.03	0.10		
35	*放射性核素（Bq/L） ^{60}Co	0.03			
	^{90}Sr	4			
	^{106}Rn	0.2			
	^{134}Cs	0.6			
	^{137}Cs	0.7			

4 海水水质监测

4.1 海水水质监测样品的采集、贮存、运输和预处理按 GB12763.4－91 和 HY003－91 的有关规定执行。

4.2 本标准各项目的监测，按表 2 的分析方法进行。

表 2 海水水质分析方法

序号	项目	分析方法	检出限，mg/L	引用标准
1	漂浮物质	目测法		
2	色、臭、味	比色法 感官法		GB 12763.2－91 HY 003.4－91
3	悬浮物质	重量法	2	HY 003.4－91
4	大肠菌群	（1）发酵法（2）滤膜法		HY 003.9－91
5	粪大肠菌群	（1）发酵法（2）滤膜法		HY 003.9－91
6	病原体	（1）微孔滤膜吸附法[1.a] （2）沉淀病毒浓聚法[1.a] （3）透析法[1.a]		
7	水温	（1）水温的铅直连续观测 （2）标准层水温观测		GB 12763.2－91 GB 12763.2－91
8	pH	（1）pH 计电测法 （2）pH 比色法		GB 12763.4－91 HY 003.4－91
9	溶解氧	碘量滴定法	0.042	GB 12763.4－91
10	化学需氧量（COD）	碱性高锰酸钾法	0.15	HY 003.4－91
11	生化需氧量（BOD_5）	五日培养法		HY 003.4－91

续表

序号	项目	分析方法	检出限，mg/L	引用标准
12	无机氮[2]（以N计）	氮：（1）靛酚蓝法 （2）次溴酸钠氧化法 亚硝酸盐：重氮－偶氮法 硝酸盐：（1）锌－镉还原法 （2）铜镉柱还原法	0.7×10^{-3} 0.4×10^{-3} 0.3×10^{-3} 0.7×10^{-3} 0.6×10^{-3}	GB 12763.4－91 GB 12763.4－91 GB 12763.4－91 GB 12763.4－91 GB 12763.4－91
13	非离子氨[3]（以N计）	按附录B进行换算		
14	活性磷酸盐（以P计）	（1）抗坏血酸还原的磷钼兰法 （2）磷钼兰萃取分光光度法	0.62×10^{-3} 1.4×10^{-3}	GB 12763.4－91 HY 003.4－91
15	汞	（1）冷原子吸收分光光度法 （2）金捕集冷原子吸收光度法	0.0086×10^{-3} 0.002×10^{-3}	HY 003.4－91 HY 003.4－91
16	镉	（1）无火焰原子吸收分光光度法 （2）火焰原子吸收分光光度法 （3）阳极溶出伏安法 （4）双硫腙分光光度法	0.014×10^{-3} 0.34×10^{-3} 0.7×10^{-3} 1.1×10^{-3}	HY 003.4－91 HY 003.4－91 HY 003.4－91 HY 003.4－91
17	铅	（1）无火焰原子吸收分光光度法 （2）阳极溶出伏安法 （3）双硫腙分光光度法	0.19×10^{-3} 4.0×10^{-3} 2.6×10^{-3}	HY 003.4－91 HY 003.4－91 HY 003.4－91
18	六价铬	二苯碳酰二肼分光光度法	4.0×10^{-3}	GB 7467－87
19	总铬	（1）二苯碳酰二肼分光光度法 （2）无火焰原子吸收分光光度法	1.2×10^{-3} 0.91×10^{-3}	HY 003.4－91 HY 003.4－91
20	砷	（1）砷化氢－硝酸银分光光度法 （2）氢化物发生原子吸收分光光度法 （3）二乙基二硫代氨基甲酸银分光光度法	1.3×10^{-3} 1.2×10^{-3} 7.0×10^{-3}	HY 003.4－91 HY 003.4－91 GB 7485－87
21	铜	（1）无火焰原子吸收分光光度法 （2）二乙氨基二硫代甲酸钠分光光度法 （3）阳极溶出伏安法	1.4×10^{-3} 4.9×10^{-3} 3.7×10^{-3}	HY 003.4－91 HY 003.4－91 HY 003.4－91
22	锌	（1）火焰原子吸收分光光度法 （2）阳极溶出伏安法 （3）双硫腙分光光度法	16×10^{-3} 6.4×10^{-3} 9.2×10^{-3}	HY 003.4－91 HY 003.4－91 HY 003.4－91
23	硒	（1）荧光分光光度法 （2）二氨基联苯胺分光光度法 （3）催化极谱法	0.73×10^{-3} 1.5×10^{-3} 0.14×10^{-3}	HY 003.4－91 HY 003.4－91 HY 003.4－91
24	镍	（1）丁二酮肟分光光度法 （2）无火焰原子吸收分光光度法 1.b （3）火焰原子吸收分光光度法	0.25 0.03×10^{-3} 0.05	GB 11910－89 GB 11912－89

续表

序号	项目		分析方法	检出限，mg/L	引用标准
25	氰化物		(1) 异烟酸－吡唑啉酮分光光度法 (2) 吡啶－巴比土酸分光光度法	2.1×10^{-3} 1.0×10^{-3}	HY 003.4－91 HY 003.4－91
26	硫化物 (以S计)		(1) 亚甲基蓝分光光度法 (2) 离子选择电极法	1.7×10^{-3} 8.1×10^{-3}	HY 003.4－91 HY 003.4－91
27	挥发性酚		4－氨基安替比林分光光度法	4.8×10^{-3}	HY 003.4－91
28	石油类		(1) 环己烷萃取荧光分光光度法 (2) 紫外分光光度法 (3) 重量法	9.2×10^{-3} 60.5×10^{-3} 0.2	HY 003.4－91 HY 003.4－91 HY 003.4－91
29	六六六[4]		气相色谱法	1.1×10^{-3}	HY 003.4－91
30	滴滴涕[4]		气相色谱法	3.8×10^{-3}	HY 003.4－91
31	马拉硫磷		气相色谱法	0.64×10^{-3}	GB 13192－91
32	甲基对硫磷		气相色谱法	0.42×10^{-3}	GB 13192－91
33	苯并（a）芘		乙酰化滤纸层析－荧光分光光度法	2.5×10^{-3}	GB 11895－89
34	阴离子表面活性剂 (以LAS计)		亚甲基蓝分光光度法	0.023	HY 003.4－91
35	放射性核素 Bq/L	^{60}Co	离子交换－萃取－电沉积法	2.2×10^{-3}	HY/T 003.8－91
		^{90}Sr	(1) HDEHP萃取－β计数法 (2) 离子交换－β计数法	1.8×10^{-3} 2.2×10^{-3}	HY/T 003.8－91 HY/T 003.8－91
		^{106}Ru	(1) 四氯化碳萃取－镁粉还原－β计数法 (2) γ能谱法[1.c]	3.0×10^{-3} 4.4×10^{-3}	HY/T 003.8－91
		^{134}Cs	γ能谱法，参见^{137}Cs分析法		
		^{137}Cs	(1) 亚铁氰化铜－硅胶现场富集－γ能谱法 (2) 磷钼酸铵－碘铋酸铯－β计数法	1.0×10^{-3} 3.7×10^{-3}	HY/T 003.8－91 HY/T 003.8－91

注：1. 暂时采用下列分析方法，待国家标准发布后执行国家标准。

a.《水和废水标准检验法》，第15版，中国建筑工业出版社，805～827，1985；b. 环境科学，7（6）：75～79，1986；c.《辐射防护手册》，原子能出版社，2：259，1988。

2. 见附录A。

3. 见附录B。

4. 六六六和DDT的检出限系指其四种异物体检出限之和。

5 混合区的规定

污水集中排放形成的混合区，不得影响邻近功能区的水质和鱼类洄游通道。

附录 A

无机氮的计算

无机氮是硝酸盐氮、亚硝酸盐氮和氨氮的总和，无机氮也称“活性氮”，或简称“三氮”。

在现行监测中，水样中的硝酸盐、亚硝酸盐和氨的浓度是以 μmol/L 表示总和。而本标准规定无机氮是以氮（N）计，单位采用 mg/L，因此，按下式计算无机氮：

$$c(N) = 14 \times 10^{-3}\left[c(NO_3-N) + c(NO_2-N) + c(NH_3-N)\right]$$

式中：c（N）－无机氮浓度，以 N 计，mg/L；

$c(NO_3-N)$ －用监测方法测出的水样中硝酸盐的浓度，μmol/L；

$c(NO_2-N)$ －用监测方法测出的水样中亚硝酸盐的浓度，μmol/L；

$c(NH_3-N)$ －用监测方法测出的水样中氨的浓度，μmol/L；

附录 B

非离子氨换算方法

按靛酚蓝法，次溴酸钠氧化法（GB 12763.4－91）测定得到的氨浓度（NH_3-N）看作是非离子氨与离子氨浓度的总和，非离子氨在氨的水溶液中的比例与水温、pH 值以及盐度有关。可按下述公式换算出非离子氨的浓度：

$$c(NH_3) = 14 \times 10^{-5}\, c(NH_3-N) \times f$$

$$f = 100/(10^{pK_n^{S\cdot T}-pH} + 1)$$

$$pK_n^{S\cdot T} = 9.245 + 0.002\,949S + 0.032\,4\,(298 - T)$$

式中：f－氨的水溶液中非离子氨的摩尔百分比；

$c(NH_3)$ －现场温度、pH 值、盐度下，水样中非离子氨的浓度（以 N 计），mg/L；

$c(NH_3-N)$ －用监测方法测得的水样中氨的浓度，μmol/L；

T－海水温度，K；

S－海水盐度；

pH－海水的 pH 值；

$pK_n^{S\cdot T}$ －温度为 T（T = 273 + t），盐度为 S 的海水中的 NH_4^+ 的解离平衡常数 $K_n^{S\cdot T}$ 的负对数。

附加说明：

本标准由国家海洋局第三海洋研究所和青岛海洋大学负责起草。

本标准主要起草人：黄自强、张克、许昆灿、隋永年、孙淑媛、陆贤昆、林庆礼。

十九、无公害食品 渔用药物使用准则

中华人民共和国农业行业标准 NY 5071－2001

1 范围

本标准规定了渔用药物使用的基本原则、使用方法与禁用药。

本标准适用于水产增养殖中的管理及病害防治中的渔药使用。

2 规范性引用文件

下列文件中的条款通过本标准的引用而成为本标准的条款。凡是注日期的引用文件，其随后所有的修改单（不包括勘误的内容）或修订版均不适用于本标准，然而，鼓励根据本标准达成协议的各方研究是否可使用这些文件的最新版本。凡是不注日期的引用文件，其最新版本适用于本标准。

GB 11607 渔业水质标准

NY 5070 无公害食品 水产品中渔药残留限量

NY 5072 无公害食品 渔用配合饲料安全限量

3 术语和定义

下列术语和定义适用于本标准。

3.1 渔药

用以预防、控制和治疗水产动植物的病、虫、害，促进养殖品种健康生长，增强机体抗病能力以及改善养殖水体质量所使用的一切物质。

3.2 休药期

最后停止给药日至水产品作为食品上市出售的最短时间。

4 渔药使用基本原则

4.1 水生动物增养殖过程中对病害的防治，坚持“全面预防，积极治疗”的方针，强调“以防为主、防重于治，防、治结合”的原则。

4.2 渔药的使用应严格遵循国务院、农业部有关规定，严禁使用未经取得生产许可证、批准文号、生产执行标准的渔药。

4.3 在水产动物病害防治中，推广使用高效、低毒、低残留渔药，建议使用生物渔药、生物制品。

4.4　病害发生时应对症用药，防止滥用渔药与盲目增大用药量或增加用药次数、延长用药时间。常用渔药及使用方法参见附录A。

4.5　食用鱼上市前，应有休药期。休药期的长短应确保上市水产品的药物残留量必须符合NY 5070的要求。常用渔药休药期参见附录B。

4.6　水产饲料中药物的添加应符合NY 5072的要求，不得选用国家规定禁止使用的药物或添加剂，也不得在饲料中长期添加抗菌药物。

5　禁用渔药

严禁使用高毒、高残留或具有三致毒性（致癌、致畸、致突变）的渔药。禁用渔药见附录C。

附录A
（资料性附录）
常用渔药及使用方法

A.1　水产增养殖中的外用渔药及使用方法

水产增养殖中常用的外用渔药及使用方法见表A.1。

表A.1　常用的外用渔药及使用方法

序号	药物名称	使用方法	主要防治对象	常规用量　mg/L
1	硫酸铜（蓝矾、胆矾、石胆） Copper sulfate	浸浴	纤毛虫、鞭毛虫等寄生性原虫病	淡水：8～10 （15～30 min）
		全池泼洒	纤毛虫、鞭毛虫等寄生性原虫病	淡水：0.5～0.7 海水：1.0
2	甲醛（福尔马林） Liqour formaldehyde	浸浴	纤毛虫、鞭毛虫、贝尼登虫等寄生性原虫病	淡水：100（0.5～3.0 h） 海水：250～500（10～20 min）
		全池泼洒	纤毛虫病、水霉病、细菌性鳃病、烂尾病等	10～30
3	敌百虫（90%晶体） Metrifonate	全池泼洒	甲壳类、蠕虫等寄生性鱼病	0.3～0.5
4	漂白粉 Bleaching powder	全池泼洒	微生物疾病：如皮肤溃疡病、烂鳃病、出血病等	1.0～2.0
5	二氯异氰尿酸钠 Sodium dichloroisocyanurate （有效氯55%以上）	全池拨洒	微生物疾病：如皮肤溃疡病、烂鳃病、出血病等	0.3～0.6

续表

序号	药物名称	使用方法	主要防治对象	常规用量 mg/L
6	三氯异氰尿酸 Trichloroisocyanuric acid （有效氯 80%以上）	全池泼洒	微生物疾病：如皮肤溃疡病、烂鳃病、出血病等	0.1～0.5
7	二氧化氯 Chlorine dioxide	全池泼洒	微生物疾病：如皮肤溃疡病、烂鳃病、出血病等	0.1～0.5
8	聚维酮碘 Povidone－iodine （含有效碘 1.0%）	浸浴	预防病毒病：如草鱼出血病、传染性胰腺坏死病、传染性造血组织坏死病、病毒性出血败血症等	草鱼种：30（15～20 min） 鲑鳟鱼卵：30～50 （5～15 min）
		全池泼洒	细菌性烂鳃病、弧菌病、鳗鲡红头病、中华鳖腐皮病等	幼鱼、幼虾：0.5～1.0 成鱼、成虾：1.0～2.0 鳗鲡、中华鳖：2.0～4.0

注：本表所推荐的常规用量，是指养殖水温在 20～30℃，水质为中度硬水（总硬度 50～90 mg/L 水体），pH 值为中性，其余指标达 GB 11607 时的渔药用量。

A.2 水产增养殖中常用内服渔药及使用方法

水产增养殖中常用内服渔药及使用方法见表 A.2。

表 A.2 常用内服渔药及使用方法

序号	药物名称	主要防治对象	常规用量（按体重计）mg/（kg·d）	使用时间 d
1	土霉素 Oxytetracycline	肠炎病、弧菌病等	50～80	6～10
2	四环素 Tetracycline	肠炎病及由立克次体或支原体引起的疾病	75～100	6～10
3	红霉素 Erythromycin	细菌性鳃病、白头白嘴病、链球菌病、对虾肠道细菌病、贝类幼体面盘解体病等	50	5～7
4	诺氟沙星 Norfloxacin	细菌性败血症、肠炎病、溃疡病等	20～50	3
5	盐酸环丙沙星 Ciprofloxacin	鳗鱼细菌性烂鳃病、烂尾病、弧菌病、爱德华氏菌病等	15～20	5～7
6	磺胺嘧啶 Sulfadiazine	赤皮病、肠炎病、链球菌病、鳗鱼弧菌病等	100	5
7	磺胺甲基异恶唑 Sulfamethoxazole	肠炎病、牛硅爱德华氏菌病	100～200	5～7

续表

序号	药物名称	主要防治对象	常规用量（按体重计）mg/（kg·d）	使用时间 d
8	磺胺间甲氧嘧啶 Sulfamonomethoxine	竖鳞病、赤皮病、弧菌病	50～200	4～6
9	磺胺二甲异恶唑 Sulfafurazole	弧菌病、竖鳞病、疖疮病、烂鳃病等	200～500	4～6
10	磺胺间二甲氧嘧啶 Sulfadimethoxine	肠炎病、赤皮病	20～200	3～6
11	呋喃唑酮（痢特灵）Furazolidone	烂鳃病、肠炎病、细菌性出血病、白头白嘴病等	20～60	5～7

注：磺胺类药物需与甲氧苄氨嘧啶（TMP）同时使用，并且第一天药量加倍。

附录 B
（资料性附录）
常用渔药休药期

表 B.1　常用渔药休药期

序号	药物名称	停药期 d	适用对象
1	敌百虫（90%晶体）Metrifonate	≥10	鲤科鱼类、鳗鲡、中华鳖、蛙类等
2	漂白粉 Bleaching powder	≥5	鲤科鱼类、中华鳖、蛙类、蟹、虾等
3	二氯异氰尿酸钠（有效氯 55%）Sodium dichloroisocyanurate	≥7	鲤科鱼类、中华鳖、蛙类、蟹、虾等
4	三氯异氰尿酸（有效氯 80%以上）Trichloroisocyanuric acid	≥7	鲤科鱼类、中华鳖、蛙类、蟹、虾等
5	土霉素 Oxytrteacycline	≥30	鲤科鱼类、中华鳖、蛙类、蟹、虾等
6	磺胺间甲氧嘧啶及其钠盐 Sulfamonomethoxine or it's natrium	≥30	鲤科鱼类、中华鳖、蛙类、蟹、虾等
7	磺胺间甲氧嘧啶及磺胺增效剂的配合剂 Sulfamonomethoxine and ormethoprim's	≥30	鲤科鱼类、中华鳖、蛙类、蟹、虾等
8	磺胺间二甲氧嘧啶 Sulfadimethoxine	≥42	虹鳟、鲤科鱼类、中华鳖、蛙类、蟹、虾等

附录 C
(规范性附录)
禁用渔药

表 C.1 禁用渔药

名称	禁用原因
硝酸亚汞 Mercurous nitrate	毒性大，易造成蓄积，对人危害大
醋酸汞 Mercuric acetate	毒性大，易造成蓄积，对人危害大
孔雀石绿 Malachite Green	具致癌与致畸作用
六六六 Bexachloridge	高残毒
滴滴涕 DDT	高残毒
磺胺脒（磺胺胍） Sulfaguanidine	毒性较大
新霉素 Neomycin	毒性较大，对人体可引起不可逆的耳聋等

二十、食品动物禁用的兽药及其他化合物清单

中华人民共和国农业部公告　2002 年第 193 号

为保证动物源性食品安全，维护人民身体健康，根据《兽药管理条例》的规定，我部制定了《食品动物禁用的兽药及其他化合物清单》（以下简称《禁用清单》），现公告如下：

一、《禁用清单》序号 1 至 18 所列品种的原料药及其单方、复方制剂产品停止生产，已在兽药国家标准、农业部专业标准及兽药地方标准中收载的品种，废止其质量标准，撤销其产品批准文号；已在我国注册登记的进口兽药，废止其进口兽药质量标准，注销其《进口兽药登记许可证》。

二、截止 2002 年 5 月 15 日，《禁用清单》序号 1 至 18 所列品种的原料药及其单方、复方制剂产品停止经营和使用。

三、《禁用清单》序号 19 至 21 所列品种的原料药及其单方、复方制剂产品不准以抗应激、提高饲料报酬、促进动物生长为目的在食品动物饲养过程中使用。

关于禁用药的说明

（一）氯霉素。该药对人类的毒性较大，抑制骨髓造血功能造成过敏反应，引起再生障碍性贫血（包括白细胞减少，红细胞减少、血小板减少等），此外，该药还可引起肠道菌群失调及抑制抗体的形成。该药已在国外较多国家禁用。

（二）呋喃唑酮。呋喃唑酮残留会对人类造成潜在危害，可引起溶血性贫血、多发性神经炎、眼部损害和急性肝坏死等残病。目前已被欧盟等国家禁用。

（三）甘汞、硝酸亚汞、醋酸汞和吡啶基醋酸汞。汞对人体有较大的毒性，极易产生富集性中毒，出现肾损害。国外已经在水产养殖上禁用这类药物。

（四）锥虫胂胺。由于砷有剧毒，其制剂不仅可在生物体内形成富集，而且还可以对水域环境造成污染，因此它具有较强的毒性，国外已被禁用。

（五）五氯酚钠。它易溶于水，经日光照射易分解。它造成中枢神经系统、肝、肾等器官的损害，对鱼类等水生动物毒性极大。该药对人类也有一定的毒性，对人的皮肤、鼻、眼等黏膜刺激性强，使用不当，可引起中毒。

（六）孔雀石绿。孔雀石绿有较大的副作用：它能溶解足够的锌，引起水生动物急性锌中毒，更严重的是孔雀石绿是一种致癌、致畸药物，可对人类造成潜在的危害。

（七）杀虫脒和双甲脒。农业部、卫生部在发布的农药安全使用规定中把杀虫脒列为高毒药物，1989 年已宣布杀虫脒作为淘汰药物；双甲脒不仅毒性高，其中间代谢产物对人体也有致癌作用。该类药物还可通过食物链的传递，对人体造成潜在的致癌危险。该类药物国外也被禁用。

（八）林丹、毒杀芬。均为有机氯杀虫剂。其最大的特点是自然降解慢，残留期长，

又生物富集作用，由致癌性，对人体功能性器官有损害等。该类药物国外已经禁用。

（九）甲基睾丸酮、乙烯雌粉。属于激素类药物。在水产动物体内的代谢较慢，极小的残留都可对人类造成危害。

甲基睾丸酮对妇女可能会引起类似早孕的反应及乳房胀、不规则出血等；大剂量应用影响肝脏功能；孕妇有女胎男性化和畸胎发生，容易引起新生儿溶血及黄疸。

乙烯雌粉可引起恶心、呕吐、食欲不振、头痛反应，损害肝脏和肾脏；可引起孕妇子宫内膜过度增生，导致胎儿畸形。

（十）酒石酸锑钾。该药是一种毒性很大的药物，尤其是对心脏毒性大，能导致室性心动过速，早搏，甚至发生急性心源性脑缺血综合症；该药还可使肝转氨酶升高，肝肿大，出现黄疸，并发展成中毒性肝炎。该药在国外已被禁用。

（十一）奎乙醇。主要作为一种化学促生长剂在水产动物饲料中添加，它的抗菌作用是次要的。由于此药的长期添加，已发现对水产养殖动物的肝、肾能造成很大的破坏，引起水产养殖动物肝脏肿大、腹水，造成水产动物的死亡。如果长期使用该类药，则会造成耐药性，导致肠球菌广为流行，严重危害人类健康。

食品动物禁用的兽药及其他化合物清单

序号	兽药及其他化合物名称	禁止用途	禁用动物
1	β-兴奋剂类：克仑特罗 Clenbuterol、沙丁胺醇 Salbutamol、西马特罗 Cimaterol 及其盐、酯及制剂	所有用途	所有食品动物
2	性激素类：乙烯雌酚 Diethylstilbestrol 及其盐、酯及制剂	所有用途	所有食品动物
3	具有雌激素样作用的物质：玉米赤霉醇 Zeranol、去甲雄三烯醇酮 Trenbolone、醋酸甲孕酮 Mengestrol Acetate 及制剂	所有用途	所有食品动物
4	氯霉素 Chloramphenicol、及其盐、酯（包括：琥珀氯霉素 Cholramphenicol Succinate）及制剂	所有用途	所有食品动物
5	氨苯砜 Dapsone 及制剂	所有用途	所有食品动物
6	硝基呋喃类：呋喃唑酮 Furazolidone、呋喃它酮 Furaltadone、呋喃苯烯酸钠 Nifurstyrenate sodium 及制剂	所有用途	所有食品动物
7	硝基化合物：硝基酚钠 Sodium nitrophenolate、硝呋烯腙 Nitrovin 及制剂	所有用途	所有食品动物
8	催眠、镇静类：安眠酮 Methaqualone 及制剂	所有用途	所有食品动物
9	林丹（丙体六六六）Lindane	杀虫剂	所有食品动物
10	毒杀芬（氯化烯）Camahechlor	杀虫剂、清塘剂	所有食品动物
11	呋喃丹（克百威）Carbofuran	杀虫剂	所有食品动物
12	杀虫脒（克死螨）Chlordimeforn	杀虫剂	所有食品动物
13	双甲脒 Amitraz	杀虫剂	所有食品动物
14	酒石酸锑钾 Antimony potassium tartrate	杀虫剂	所有食品动物
15	锥虫胂胺 Tryparsamide	杀虫剂	所有食品动物

续表

序号	兽药及其他化合物名称	禁止用途	禁用动物
16	孔雀石绿 Malachite green	杀虫剂、抗菌	所有食品动物
17	五氯酚酰钠 Pentachlorophenol sodium	杀螺剂	所有食品动物
18	各种汞制剂包括：氯化亚汞（甘汞）Calomel、硝酸亚汞 Mercurous nitrate 、醋酸汞 Mercurous acetate 、吡啶基醋酸汞 Pyridyl mercurous acetate	杀虫剂	所有食品动物
19	性激素类：甲基睾丸酮 Methyltestosterone、丙酸睾酮 Testosterone Propionate 苯丙酸诺龙 Nandrolone Phenylpropionat、苯甲酸雌二醇 Estradiol Benzoate 及其盐、酯及制剂	促生长	所有食品动物
20	催眠、镇静类：氯丙嗪 Chlorpromazine、地西泮（安定）Diazepam 及其盐、酯及制剂	促生长	所有食品动物
21	硝基咪唑类：甲硝唑 Metronidazole、地美硝唑 Dimetronidazole 及其盐、酯及制剂	促生长	所有食品动物

注：食品动物是指各种供人使用或其产品供人食用的动物。

二十一、池塘常规培育鱼苗鱼种技术规范

中华人民共和国水产行业标准　SC/T 1006－94

1　主题内容与适用范围

本标准规定了池塘常规培育鱼苗鱼种的环境条件、苗种放养、投饲施肥、日常管理、鱼种产量、规格及越冬等技术要求。

本标准适用于我国大多数淡水养殖鱼类鱼苗鱼种的常规培育。

2　引用标准

GB 11607 渔业水质标准

3　术语

3.1　试水

药物清池后，采用活鱼检验池水中药物毒性是否消失的方法。

3.2　鱼苗

受精卵孵化脱膜至入池培育达全长 2.6 cm 阶段的鱼体。

3.3　夏花鱼种

鱼苗入池塘后，经 20～25 d 培育，全长达 2.7～4.0 cm 的鱼体。

3.4　一龄鱼种

夏花鱼种培育至当年 12 月底所出池的鱼体。

4　环境条件

4.1　环境位置

光照充足，交通便利。

4.2　水源与水质

4.2.1　水源充足，注、排水方便。

4.2.2　水质除符合 GB 11607 规定外，池水透明度要适应各类鱼苗鱼种的要求。

a. 鱼苗池池水透明度为 25～30 cm。

b. 鱼种池池水透明度：鲢、鳙、鲮、白鲫为主的培育池池水透明度为 25～30 cm；青

鱼、草鱼、鳊、鲂、鲤、鲫为主的培育池池水透明度为35~40 cm。

4.3　池塘条件

鱼苗池面积为0.07~0.27 ha，水深1.2~1.5 m；鱼种池面积为0.13~0.53 ha，水深1.5~2.0 m；池底平坦、淤泥厚度小于20 cm。

5　放养前的准备

5.1　池塘清整

排干池水、曝晒池底、清除杂物与淤泥、修整池埂。

5.2　药物清池

鱼苗、鱼种放养前，应用药物清除野杂鱼、病原及害虫。

药物种类、用量及方法见表1：

表1　清塘用药物种类、用量及使用方法

药物种类	用量/（kg/ha）		操作方法	毒性消失时间/d
	水深0.2 m	水深1.0 m		
生石灰	900~1 050	1 800~2 250	用水溶化后趁热全池泼洒	7~10
茶粕	—	600~750	碾碎后加水浸泡一夜，然后兑水全池泼洒	5~10
漂白粉[1)]	60~120	202.5~225	用水溶化后，随即全池泼洒	3~5
鱼藤酮[2)]	—	22.5	兑水全池泼洒	7~10
巴豆	—	45~75	碾碎后用3%食盐水浸泡2~3d连渣全池泼洒	10

注：1）漂白粉有效氯含量为30%。2）鱼藤酮含量为25%。

5.3　注水

清池后鱼苗池水深应调整为0.5~0.6 m；鱼种池水深应调整为0.8~1.0 m。注水时应用密网过滤。

5.4　施基肥

放鱼前3~5 d，鱼苗或鱼种池中应施粪肥3 000~7 500 kg/ha或绿肥3 000~4 500 kg/ha。新挖鱼池应增加施肥量或增施化肥75~150 kg/ha。鱼苗下塘时池中饵料生物应保持轮虫在5 000~10 000个/L。大型枝角类过多时应用敌百虫杀灭。

5.5　试水

放鱼前一日，将少量鱼苗或夏花鱼种放入池内网箱中，经12~24 h观察鱼的动态，检查池水药物毒性是否消失。同时还须用密网在池中拉1~2网次，若发现野鱼或敌害生物须重新清池。

6 鱼苗培育

6.1 鱼苗放养

除天然张捕的鱼苗外，每个池塘只放养一种鱼苗，放养时应准确计数，一次放足。鱼苗育成夏花鱼种的鱼苗放养情况见表2：

表2 万尾/ha

地区＼鱼类	鲢、鳙	鲤、鲫、鳊、鲂	青鱼、草鱼	鲮
长江流域及以南地区	150 ~ 180	225 ~ 300	120 ~ 150	300 ~ 375
长江流域以北地区	120 ~ 150	180 ~ 225	90 ~ 120	—

草鱼、鳊、鲂鱼苗先以225 ~ 375万尾/ha，培育10 ~ 15 d，鱼体全长达到1.7 ~ 2.7 cm后拉网分池，再以45 ~ 75万尾/ha，培育20 ~ 25 d，鱼体全长达到5.0 ~ 6.7 cm后分池。

6.2 投饲与施肥

6.2.1 以豆浆为主的培育方法

鱼苗放养后用黄豆30 ~ 45 kg/d · ha，分2 ~ 3次磨成豆浆750 kg，滤去豆渣后全池泼洒。一周后黄豆增45 ~ 60 kg/d · ha，培育10 d后，草鱼、鲤、鲫还需在池边加泼一次或在池塘周围浅水处堆放豆渣或豆饼糊。育成1万尾规格3 cm以上的夏花鱼种需用黄豆及豆饼7 ~ 8 kg和粪肥30 ~ 40 kg。

6.2.2 以绿肥为主的培育方法

鱼苗放养后每隔3 ~ 5 d在池边堆放鲜草2 250 ~ 3 000 kg/ha，1 ~ 2 d翻动一次，一周后逐渐捞出不易腐烂的根茎残渣。培育后期视水质与鱼苗生长情况适当泼洒豆浆或在池边堆放豆饼糊。育成1万尾规格3 cm以上的夏花鱼种需绿肥75 ~ 100 kg和黄豆或豆饼1.5 ~ 2.0 kg。

6.2.3 以粪肥为主的培育方法

鱼苗放养后每日二次泼洒经发酵的粪肥，每次450 ~ 600 kg/ha，培育期间应根据水质与鱼苗生长情况，适当增减，草鱼、鲤、鲫鱼苗在培育后期还应在池边堆放豆渣或豆饼糊。育成1万尾全长3cm以上的夏花鱼种，需粪80 ~ 100 kg和黄豆1 ~ 2 kg。

6.2.4 施追肥

以有机肥为主时每次有机肥用量为1 500 ~ 2 250 kg/ha，加化肥75 kg（氮磷比为9∶1）；若单用化肥每次用量为150 kg/ha（氮磷比为4 ~ 7∶1），隔天使用。

6.3　日常管理

6.3.1　巡塘

鱼苗放养后每日应多次巡塘，观察水质及鱼的活动情况，及时清除蛙卵、杂草、检查鱼苗摄食、生长及病虫害情况，发现问题及时采取措施并作好记录。

6.3.2　分期注水

鱼苗放养一周后，每3～5 d注水一次，每次加深10～15 cm，待鱼体全长3 cm时池塘水深应为1.2～1.5 m。

6.3.3　防治鱼病

经常观察、定期检查、发现鱼病、及时防治。

6.4　出塘

6.4.1　时间

鱼苗经15～20 d培育至全长2.8 cm左右时应及时拉网锻炼，准备出塘。

6.4.2　拉网锻炼

夏花鱼种出塘前须经2～3次拉网锻炼，每次拉网的当日上午应清除池中杂草、污物，饲料应拉网后投喂。

第一次拉网应将鱼围入网中，观察鱼的数量及生长情况，密集10～20 s后立即放回池中，隔天拉第二网，待鱼围入网中密集后赶入网箱中，随后在池中慢慢推动网箱，清除箱内污物，经1～2 h，若距鱼种培育池较近即可出塘；若需长途运输，尚需再隔一日，待第三网锻炼后（操作同第二网）出塘。

拉网分塘操作应细心，尤其是鱼体娇嫩的鳊、鲂，起网时鱼体不可过度密集，计数时应采取带水操作。

6.4.3　筛选与计数

出塘时若夏花鱼种规格参差不齐，需用鱼筛分选。天然鱼苗还需采用撇、拣等办法分选和除去野杂鱼。

夏花鱼种计数有重量法和容量法二种。将筛选后的夏花鱼种随机取样，按单位重量或容积的夏花鱼种尾数乘以总重量或容积，即为夏花鱼种的总数量。再随机取出20尾测量全长与体重，求出平均规格。

夏花鱼种的成活率应达到60%～70%，产量300～600 kg/ha。

7　鱼种培育

7.1　技术指标

从夏花鱼种养成一龄鱼种的放养密度、成活率、出塘规格和产量指标见表3：

表3 夏花放养密度

地区	放养密度 /（万尾/ha）	培育期 /d	成活率 /%	规格[1)]/cm		产量[2)] /（kg/ha）
				青鱼、草鱼、鲢、鳙	鲤、鲫、鳊、鲂	
长江流域及以南地区	15～22.5	120～180	80～85	≥13.3	≥12	3 750～5 250
长江流域以北地区	12～18	80～120	80～85	≥13.3	≥12	2 625～3 750

注：1）规格指鱼体全长。

2）如条件优越，管理水平高，可适当增加放养量，产量可超过7 500 kg/ha。

7.2 夏花鱼种放养

7.2.1 放养时间

5～7月当夏花鱼种全长达到3 cm以上时应及时放养。

7.2.2 放养方式

采取3～5种鱼同池混养，主养鱼比混养鱼早放养15～20 d。青鱼、草鱼、鲂作为混养鱼时须待规格达到5 cm以上时再放养。

7.2.3 放养比例

各种鱼类混养比例见表4：

表4 夏花混养比例

混养鱼类 \ 主养鱼类	草鱼	鲂或鳊	鲢	鳙	青鱼或鲤	鲫或白鲫
草鱼	50	—	20	20	10	10
鲂或鳊	—	50	10	10	—	10
鲢	30	30	50	—	—	10
鳙	10	10	10	50	30	20
青鱼或鲤	—	—	—	10	50	—
鲫或白鲫	10	10	10	10	10	50
合计	100	100	100	100	100	100

注：① 鲂与鳊；青鱼与鲤；鲫与白鲫或异育银鲫在放养时一般只放一种。

② 以鲤鱼为主时，北方地区可按：鲤40%，鲢30%，草鱼20%，鳙10%的比例混养。

鲮鱼一般为单养，放养量150～180万尾/ha，或与草鱼、鳙混养，放养量为鲮105～150万尾/ha和草鱼或鳙4.5万尾/ha。

7.3 投饲与施肥

7.3.1 投饲

7.3.1.1 四定投饲

a. 定时：精饲料在每日上午8—10时，下午2—4时两次投喂，青饲料每日投喂一次，一般比精饲料早投1～2 h。

b. 定位：精饲料应投在饲料台上，夏花鱼种放养后，应先在饲料台周围泼洒，然后逐渐缩小范围，引导鱼到饲料台上摄食，每个饲料台面积约为1～2 m^2，每0.5万尾左右鱼种架设一只，青饲料投入饲料框内，螺蛳、黄蚬轧碎后投于食场中。

c. 定质：青饲料应鲜嫩适口，精饲料不得霉烂变质，应按各种鱼类营养需要配制成颗粒饲料。

d. 定量：投饲应做到适量均匀，以精饲料每次投喂后2～3 h吃完、青饲料4～5 h吃完为宜。阴雨天、鱼病流行时期投饲量应酌情减少。

7.3.1.2　草鱼、鲂、鳊的投饲

草食性鱼类应以青饲料为主，不论是主养还是作为混养时，每生产1 kg草食性鱼的鱼种，青饲料的投饲量均不应少于5 kg。

长江中下游地区培育草食性鱼类鱼种的投饲量见表5：

表5　长江中下游地区草食性鱼类鱼种的投饲量

鱼种规格 cm	青饲料种类	青饲料量/（kg/d·万尾）	精饲料量/（kg/d·万尾）	水温/℃
3～7	草浆、芜萍	20～40	1～2	28～32
7～8	小浮萍、草浆、嫩草、轮叶黑藻	60～100	2	30～32
8～9	紫背浮萍、草浆、嫩草	100～150	2	28
9～12	苦草、苦荬菜、嫩草	150～200	2～3	22
12～15	苦草、嫩草	75～150	2～3	15

7.3.1.3　青鱼的投饲

培育青鱼种应以精饲料为主，适当投喂些动物性饲料，精饲料以豆饼效果较好，动物性饲料多采用轧碎螺蛳、黄蚬。

长江下游地区青鱼鱼种投饲量见表6：

表6　长江中下游地区青鱼鱼种的投饲量

鱼种规格 cm	饲料种类	每日投喂量/（kg/万尾）	水温/℃
3～5	豆饼糊	1.2～2.5	28～30
5～8	豆饼糊、菜饼糊	2.5～5.0	30～32
8～12	轧碎螺蛳、黄蚬	30.0～120.0	22～28
>12	豆饼糊、菜饼糊	1.5～3.0	15

7.3.1.4　鲢、鳙的投饲

夏花鲢鱼种放养后，每10 d左右施绿肥或粪肥1 500～3 000 kg/ha，培养浮游生物。同时还应投喂精饲料，投饲量随鱼种的生长而逐渐增加，从1 kg/万尾增加至3 kg/万尾，以后随水温下降而减少。

鳙鱼种培育池水质应较鲢鱼池更肥些，施肥量与精饲料的投放量比鲢鱼增加三分之一。

7.3.1.5　鲤、鲫的投饲

鲤以精饲料为主，投饲量由每日 1 kg/万尾逐渐增加到 5 kg/万尾，当全长达到 10 cm 以上时可投喂些轧碎螺蛳、黄蚬，每日投放量为 50 ~ 100 kg/万尾。

鲫鱼以精饲料为主，投饲量约为鲤的三分之二，白鲫的培育方法同 7.2.1.4 条。

7.3.2　施肥

7.3.2.1　原则

鲢、鳙及白鲫为主的池塘应多施肥，青鱼、草鱼、鳊、鲂为主的池塘少施肥；水质清瘦的池塘多施肥，水质肥且鱼种经常浮头的池塘应少施肥；晴天多施肥，阴雨天少施或不施肥。

7.3.2.2　用量

以鲢、鳙、白鲫为主的池塘施有机肥总量为 30 000 ~ 45 000 kg/ha；以其他鱼为主的池塘施有机肥总量为 15 000 ~ 22 500 kg/ha。

7.3.2.3　方法

a. 泼洒法：每 2 ~ 3 d 将粪肥或混合堆肥的肥汁 450 ~ 750 kg/ha（可加过磷酸钙 300 g）兑水全池泼洒；化肥每隔 5 ~ 10 d 追施一次，每次 75 kg/ha，兑水全池泼洒。

b. 堆放法：每 10 d 左右将粪肥或绿肥按 2 250 ~ 3 750 kg/ha 堆放在池边浅水处。

7.4　日常管理

7.4.1　巡塘

每天巡塘不应少于 2 ~ 3 次。清晨观察水色和鱼的动态，发现严重浮头或鱼病应及时处理；上午投饲与施肥时应注意水质与天气变化；下午清洗饲料台检查吃食情况，并做好日常管理工作的记录。

7.4.2　分期注水

每隔 15 d 左右加水一次，每次池水加深 10 ~ 15 cm。

7.5　防治鱼病

7.5.1　“三消”防病措施

a. 池塘消毒：同 5.2 条。

b. 鱼种消毒：鱼种出入池塘必须检疫和药物消毒。

c. 饲料台、饲料框、食场消毒：鱼病流行季节，每半月消毒一次。

7.5.2　治疗

发现鱼病、认真检查、正确诊断、及时治疗。

7.6　鱼种筛选

长江流域以北地区自 8 月初开始，长江流域及以南地区自 10 月初开始，每隔 10 ~

15 d 拉网检查各类鱼种生长情况，如果规格相差悬殊，应及时采用鱼筛筛选分养，调整投饲施肥数量，以保证各类鱼种出塘规格整齐。

7.7 并塘与越冬

鱼种经筛选分类后应认真核产、分类并入池塘。长江流域及以南地区在春节前将鱼种放养在食用鱼养殖池中，一般不需专池越冬；长江流域以北地区冬季冰封期长，需专池越冬。

7.7.1 越冬时间

当池塘水温下降至8～10℃时开始，至翌年水温回升到8～10℃时结束。

7.7.2 越冬池塘条件

背风向阳，保水性好，面积0.13～0.53 ha，水深2.5～3.0 m，高寒地区面积可大些，水深些，冰封前池中浮游生物量应保持在25 mg/L 以上。

7.7.3 鱼种进池与越冬密度

鱼种放入越冬池前应停食2～3 d，拉网锻炼2～3 次，经计数称重与药物消毒后放养。操作过程中应防止鱼体受伤，发现鱼病应及时治疗后再放养。

放养数量根据鱼体规格、体质、越冬池塘条件及越冬期长短等决定。一般鱼种全长12～13 cm 规格，放养量60 万尾/ha 左右；全长15～16 cm 规格，放养量30～45 万尾/ha。

7.7.4 越冬管理

长江流域及以南地区冬季冰封期短或无冰封期，天晴日暖时应适当投饲与施肥，冰封时应及时破冰，日常管理应注意水质和防止鸟害侵袭。珠江流域冬季除寒流影响时应注意鲮鱼池水温不能低于7℃，其他时期应按正常情况管理。长江流域以北地区冰封期长，应经常清除冰面积雪和破冰，提高池水透明度，增加溶氧，定期注入含浮游植物较多的池水，适时施放化肥（尿素与过磷酸钙各7.5 kg/ha，切忌施有机肥）提高池水肥度和生物增氧量。

附加说明：

本标准由农业部水产提出。

本标准由江苏省水产研究所负责起草。

本标准主要起草人：贾长春、陈乃德、王菊女。

二十二、中国池塘养鱼技术规范

长江中上游地区食用鱼饲养技术

中华人民共和国水产行业标准　SC/T　1016.5 - 1995

1　主题内容与适用范围

本标准规定了长江中上游地区池塘饲养食用鱼的产量指标、饲养周期、环境条件、鱼种放养、肥料和饲料、饲养管理、机械与劳力配备。

本标准适用于长江中上游地区池塘饲养食用鱼，其他条件相似的地区亦可参照使用。

2　引用标准

GB 9956 青鱼鱼苗、鱼种质量标准
GB 10030 团头鲂鱼苗、鱼种质量标准
GB 11607 渔业水质标准
GB/T 11776 草鱼鱼苗、鱼种质量标准
GB/T 11777 鲢鱼鱼苗、鱼种质量标准
GB/T 11778 鳙鱼鱼苗、鱼种质量标准

3　产量指标与商品鱼规格

3.1　产量指标

每公顷净产量分为四种模式见表1

表1

产量指标/（kg/hm^2）	7 500	11 250	15 000	22 500
草、杂食性鱼类占比例/%	50 ~ 55	75 ~ 80	75 ~ 80	80 ~ 85

3.2　商品规格与商品率

3.2.1　商品规格

各种食用鱼的商品规格见表2：

表2 kg/尾

品种	青鱼	草鱼	鲢	鳙	鲤	鲫	团头鲂	罗非鱼
规格	≥2.5	≥1.5	≥0.5	≥0.75	≥0.5	≥0.15	≥0.25	≥0.15

3.2.2　商品率

符合商品规格的食用鱼占池塘总产量的70%～80%。

4　饲养周期

各种食用鱼饲养周期见表3：

表3 年

种类	青鱼	草鱼	鲢	鳙	鲤	鲫	团头鲂	罗非鱼
饲养周期	3～4	2～3	1～3	1～3	1～3	1～2	1～3	1～2

5　环境条件

5.1　池塘

5.1.1　面积

每个池塘面积为0.33～1.67 hm^2。

5.1.2　水深

池塘水深为2～3 m。

5.1.3　池底淤泥厚度

池底淤泥厚度10～20 cm。

5.2　水源

水量充足，排灌方便。

5.3　池塘水质

5.3.1　主要物理因子指标见表4。

表4

主养类型	水色	透明度/cm
鲢、鳙	油绿色或茶褐色	20～30
草鱼、团头妨	茶褐色	25～35
青鱼、草鱼	油绿色	25～35

5.3.2　主要化学因子指标见表5。

表5

pH值	溶解氧/(mg/L)	化学耗氧量/(mg/L)	总硬度/(mg/L)	总氮/(mg/L)	有效磷/(mg/L)
7~8.4	≥3	10~20	5~8	1~2.5	≥0.02

5.3.3　主要生物指标见表6。

表6　mg/L

浮游植物	浮游动物	底栖动物
20~120	5~20	5~100

5.3.4　其他理化因子指标应符合GB 11607的规定。

6　池塘清整

6.1　池塘整修

冬季鱼种放养前，清除过多的池底淤泥，修整塌方和渗漏的池埂。

6.2　池塘消毒

鱼种放养前7~10 d，抽干池水，每公顷用生石灰1 125~1 500 kg或含氯量30%以上漂白粉60~75 kg，全池泼洒。

7　鱼种放养

7.1　鱼种来源

原塘套养的鱼种占放养总重量的80%~90%；专塘培育和其他来源的鱼种占10%~20%。

7.2　鱼种质量

鱼种质量应符合GB9956、GB1003和GB/T 11776~11778的规定。罗非鱼、鲤、鲫鱼种亦应规格整齐、体质健壮、无病。

7.3　放养时间

各种鱼类在春节前后，捕捞干塘、清整消毒后即可放鱼一次放足，轮捕轮放。罗非鱼越冬鱼种于翌年4月投放。

7.4　放养类型

按四种产量级饲养模式的放养类型见表7至表10。

表 7　公顷净产 7 500 kg 鱼的饲养模式

种类	放养 时间	放养 规格/(g/尾)	放养 数量/(尾/hm²)	放养 重量/(kg/hm²)	收获 规格/(g/尾)	收获 成活率/%	收获 数量/(尾/hm²)	收获 净产量/(kg/hm²)	收获 增重倍数	轮捕时间	轮捕量
鲢	年初	250～300	3 750	1 031.25	550	95	3 570	932.25	1.9	6 月	50%～60%
鲢	年初	100～150	2 250	281.25	550	95	2 145	898.5	4.2	7～8 月 9～12 月	分两次捕 35% 捕完食用鱼
鲢	7 月	40～50	6 750	303.75	250	90	6 075	1215	5	–	留种
鳙	年初	250～300	900	247.5	600	95	855	2 655	2.1	6 月	50%
鳙	年初	100～150	600	75	600	95	570	267	4.6	7～8 月 9～12 月	分两次捕 35% 捕完食用鱼
鳙	7 月	40～50	1 800	81	250	90	1 620	324	5	–	留种
罗非鱼	5 月	10	6 750	67.5	250	98	6 615	1 586.25	24.5	10～11 月	捕完
白鲫	年初	25	6 750	158.75	150	80	5 400	641.25	4.8	8 月	捕 150g 以上
白鲫	5 月	0.5	9 000	4.5	25	75	6 750	164.25	37.5	–	留种
草鱼	年初	500～1 000	300	225	1 500	95	285	202.5	1.9	8 月	捕 1 500 g 以上
草鱼	年初	250	450	112.5	1 000	90	405	292.5	3.6	–	留种
草鱼	年初	50	600	30	250	80	480	90	4	–	留种
鲂	年初	50～100	750	56.25	250	95	720	123.75	3.2	8 月	捕 250 g 以上
鲂	年初	5～10	1 200	9	50	70	840	33	4.7	–	留种
鲤	年初	50	750	37.5	500	98	735	330	9.8	11—12 月	捕完
鲤	5 月	0.5	1 350	0.75	50	60	810	39.75	54	–	留种
鲫	年初	20	1 500	3	150	80	1 200	150	6	11—12 月	捕完
鲫	5 月	0.5	2 250	1.2	20	70	1 575	30.3	26.3	–	留种
合计	–	–	–	2 763	–	–	–	7 585.5	–	–	–

饲料肥料用量 时间		青饲料/(kg/hm²)	商品饲料/(kg/hm²)	有机肥/kg/hm²	化肥	管理措施 加水	增氧	防病
12 至 3 月份	12 月	525	165	12 330		保持水位	无	鱼种放养时用 1 mg/L 漂白粉全池泼洒防水霉
	1 月	120	45	8 220				
	2 月	135	45	8 220				
	3 月	525	165	12 330				
	日投量	10%～20%	1%～2%					
	总投量	1 305	420	41 100				
4 月 6 月份	4 月	1 560	495	14 385		每月 1～2 次每次升高 10 cm	无	漂白粉食场挂袋，每月 1～2 次，磺胺药物拌食防肠炎
	5 月	2 340	750	16 440				
	6 月	3 900	1 245	10 275				
	日投量	20%～30%	2%～3%	3～4 d 一次				
	总投量	7 785	2 490	41 100				
7 至 11 月份	7 月 8 月 9 月	4 215	1 350	3 090	每次 4～5 kg 3～4 d 施一次	每月 2～4 次每次升高 10 cm	无	漂白粉食物挂袋，每月 1～2 次磺胺药物防，敌百虫全池泼洒防寄生虫
	10 月	3 375	1 080	5 145				
	11 月	840	270	6 165				
	日投量	30%～50%	3%～5%	3～4 d 一次				
	总投量	16 875	5 385	20 550				
全年合计		25 965	8 280	102 750				

表 8　公顷净产 11 250 kg 鱼的饲养模式

种类	放养				收获							饲料肥料用量						管理措施		
	时间	规格/(g/尾)	数量/(尾/hm²)	重量/(kg/hm²)	规格/(g/尾)	成活率/%	数量/(尾/hm²)	净产量/(kg/hm²)	增重倍数	轮捕时间	轮捕量	时间		青饲料/(kg/hm²)	商品饲料/(kg/hm²)	有机肥/(kg/hm²)	化肥	加水	增氧	防病
草鱼	年初	500 ~ 700	3 000	1 875	1 600	98	2 940	2 829	2.5	7—10 月	分 4 次捕完	12 至 3 月份	12 月	3 990	300			保持水位	无	鱼种放养时用 1 mg/L 漂白粉全池泼洒防水霉
	年初	200 ~ 300	3 300	825	750	95	3 000	1 526.25	2.0	-	留种		1 月	990	75					
	7 月份	50 ~ 100	4 800	360	300	70	3 360	648	2.8	-	留种		2 月	990	75					
鲂	年初	50 ~ 100	3 000	225	250	95	2 850	487.5	3.2	8—10 月	分 2 次捕完		3 月	3 990	300					
	年初	25	4 500	112.5	100	70	3 150	202.5	2.8	-	留种		日投量	10% ~ 20%	1% ~ 2%					
罗非鱼	5 月	10	9 000	90	250	98	8 820	2115	24.5	10—11 月	捕完		总投量	9 960	765					
鲫	年初	20	1 500	30	150	80	1 200	150	6	11—12 月	捕完	4 至 6 月份	4 月	10 605	915			每月 1 ~ 2 次每次升高 10 cm	每天 1 ~ 2 h	漂白粉食台挂袋，每月 1 ~ 2 次磺胺药物拌食防肠炎
	5 月	0.5	2 250	1.2	20	70	1 575	30.3	26.3	-	留种		5 月	17 940	1 380					
鲤	年初	50	1 650	82.5	500	98	1 620	727.5	9.8	11—12 月	捕完		6 月	17 895	2 310					
	5 月	2.5	3 000	1.5	50	60	1 800	88.5	60	-	留种		日投量	20% ~ 30%	2% ~ 3%					
白鲫	年初	25	1 500	37.5	150	80	1 200	142.5	4.8	8—10 月	捕 150 g 以上		总投量	59 775	4 605					
	5 月	0.5	2 100	1.05	25	75	1 575	39	38	-	留种	7 至 11 月份	7 月	32 385	2 490			每月 3 ~ 5 次每次升高 10 cm	每天 1 ~ 5 h	漂白粉食台挂袋，每月 1 ~ 2 次磺胺药物拌食防肠炎，敌百虫全池泼洒防寄生虫
鲢	年初	250 ~ 300	1 800	1 485	550	95	1 710	445.5	1.9	6—7 月	60%		8 月							
	年初	100 ~ 200	1 710	256.5	550	95	1 620	634.5	3.5	9—10 月	捕完商品鱼		9 月							
7 月	40 ~ 50	3 900	175.5	250	90	3510	702	5	-	留种			10 月	25 905	1 995					
鳙	年初	250 ~ 300	600	165	600	95	570	177	2.1	6—7 月	60%		11 月	6 480	495					
	年初	100 ~ 200	450	67.5	600	95	435	193.5	3.9	9—10 月	捕完商品鱼		日投量	30% ~ 50%	3% ~ 5%					
7 月	40 ~ 50	1 200	54	250	90	1 080	216	5	-	留种			总投量	129 525	9 825					
合计	-	-	-	4 860	-	-	-	11 355	-	-	-	全年合计		199 260	15 345					

表 9 公顷净产 15 000 kg 鱼的饲养模式

种类	放养				收获							饲料肥料用量						管理措施
	时间	规格/（g/尾）	数量/（尾/hm²）	重量/（kg/hm²）	规格/（g/尾）	成活率/%	数量/（尾/hm²）	净产量/（kg/hm²）	增重倍数	轮捕时间	轮捕量	时间		青饲料/（kg/hm²）	商品饲料/（kg/hm²）	加水	增氧	防病
草鱼	年初	500 ~ 700	4 500	2 812.5	1 600	98	4 410	4 243.5	2.5	7—11 月	4 次捕完	12 至 3 月份	12 月	6 105	375	保持水位	无	鱼种放养时用 1 mg/L 漂白粉全池泼洒防水霉
	年初	200 ~ 300	4 740	1185	750	95	4 500	2 190	2.8	–	留种		1 月	1 530	90			
	7 月	50 ~ 100	6 900	517.5	300	70	4 830	931.5	2.8	–	留种		2 月	1 530	90			
鲂	年初	50 ~ 100	6 000	450	250	95	5 700	975	3.2	8—10 月	2 次捕完		3 月	6 105	375			
	年初	25	8 580	214.5	100	70	6 000	385.5	2.8	–	留种		日投量	10% ~20%	1% ~2%			
罗非鱼	5 月	10	8 250	82.5	250	98	8 085	1 938.75	24.5	10—11 月	捕完		总投量	15270	945			
鲫	年初	20	1 500	30	158	80	1 200	150.0	6.0	11—12 月	捕完	4 至 6 月份	4 月	18 330	1 125	每月 1 ~ 3 次每次升高 10 cm	每天 2 ~ 3 h	漂白粉食场挂袋，每月 1 ~ 2 次磺胺药物拌食防肠炎
	5 月	0.5	2 250	1.2	20	70	1 575	30.3	26.3	–	留种		5 月	27 480	1 695			
白鲫	年初	25	1 800	82.5	150	80	1 440	171	4.8	11—12 月	捕完		6 月	15 810	2 820			
	5 月	0.5	1 500	1.35	25	75	1 800	43.8	37.5	–	留种		日投量	20% ~30%	2% ~3%			
鲤	年初	50	1 650	618.75	500	98	1 620	727.5	9.8	8—10 月	捕 150 g 以上		总投量	91 620	5 625			
	5 月	0.5	2775	1 110	50	60	1 665	81.9	61.7	–	留种	7 至 11 月份	7 月	49 635	3 045	每月 4 ~ 6 次每次升高 10 cm	每天 5 ~ 8 h	漂白粉食场挂袋，每月 1 ~ 2 次磺胺药物拌食防肠炎，1 mg/L 敌百虫全池泼洒防寄生虫
鲢	年初	250 ~ 300	2 250	232.5	550	95	2 145	561	1.9	6—7 月	捕 60%		8 月					
	年初	100 ~ 200	2 400	206.25	550	95	2 280	894	3.5	9—10 月	捕完商品鱼		9 月					
	7 月	40 ~ 50	5 175	232.5	250	90	4 665	933.75	5.0	–	留种		10 月	54 705	2 445			
鳙	年初	250 ~ 300	750	206.25	600	95	720	225.75	2.1	6—7 月	捕 60%		11 月	9 930	615			
	年初	100 ~ 200	600	90	600	95	570	252	3.8	9—10 月	捕完商品鱼		日投量	30% ~50%	3% ~5%			
	7 月	40 ~ 50	1 500	67.5	250	90	1 350	270	5.0	–	留种		总投量	198 510	12 195			
合计	–	–	–	6 998.25	–	–	–	15 000	–	–	–	全年合计		303 900	18 765	–	–	–

表 10 公顷净产 22 500 kg 鱼的饲养模式

种类	放养				收获							饲料肥料用量						管理措施
	时间	规格/(g/尾)	数量/(尾/hm²)	重量/(kg/hm²)	规格/(g/尾)	成活率/%	数量/(尾/hm²)	净产量/(kg/hm²)	增重倍数	轮捕时间	轮捕量	时间		青饲料/(kg/hm²)	商品饲料/(kg/hm²)	加水	增氧	防病
青鱼	年初	750～1 000	3 000	2 625	3 000	98	2 940	6 195	3.4	11—12 月	捕完	12 至 3 月份	12 月	1 425	420	保持水位	无	鱼种放养时用 1 mg/L 漂白粉全池泼洒防水霉
	年初	200	3 345	669	750	90	3 015	1 592.25	3.4	–	留种		1 月	360	105			
	年初	50	5 175	258.75	200	65	3 360	413.25	2.6	–	留种		2 月	360	105			
草鱼	年初	500～750	1 200	750	1 500	98	1 170	1 005	2.3	7—11 月	5 次捕完		3 月	1 425	420			
	年初	150～200	1 500	262.5	500	80	1 200	337.5	2.3	–	留种		日投量	10%～20%	1%～2%			
	7 月	50	2 325	116.25	200	65	1 515	186.75	2.6	–	留种		总投量	3 570	1 050			
鲂	年初	50～100	2 250	168.75	250	95	2 145	367.5	3.2	8—11 月	2 次捕完	4 至 6 月份	4 月	4 290	1 260	每月 1～3 次每次升高 10 cm	每天 2～3 h	漂白粉食场挂袋，每月 1～2 次磺胺药物拌食防肠炎
	年初	25	3 225	80.7	100	70	2 265	145.8	2.8	–	留种		5 月	6 435	1 875			
鲢	年初	250～300	3 150	866.25	600	95	3 000	933.75	2.1	6—7 月	捕 60%		6 月	10 725	3 135			
	年初	100～200	3 750	562.5	600	95	3 570	1 579.5	3.8	8—11 月	5 次捕完		日投量	20%～30%	2%～3%			
	7 月	40～50	7 680	345.6	250	90	6 915	1 383.15	5.0	–	留种		总投量	21 450	6 270			
鳙	年初	250～300	750	206.25	600	95	720	225.75	2.1	6—7 月	捕 60%	7 至 11 月份	7 月	32 385	2 490	每月 6～10 次每次升高 10 cm	每天 5～8 h	漂白粉食场挂袋，每月 1～2 次磺胺药物拌食防肠炎 1 mg/L 敌百虫全池泼洒防寄生虫
	年初	100～200	1 050	157.5	600	95	1 005	445.5	3.8	8—11 月	5 次		8 月					
	7 月	40～50	2 025	91.2	250	90	1 830	366.3	5.0	–	留种		9 月					
罗非鱼	5 月	10	9 330	93.3	300	98	9 150	2 651.7	29.4	10—11 月	捕完		10 月	9 300	2 715			
白鲫	年初	25	2 250	56.25	150	80	1 800	213.75	4.8	8—10 月	捕 150 g 以上		11 月	2 325	675			
	5 月	0.5	3 000	1.5	25	75	2 250	54.75	37.5	–	留种		日投量	30%～50%	3%～5%			
鲤	年初	50	6 000	300	750	98	5 880	4 110	14.7	11—12 月	捕完		总投量	4 6470	12 075			
	7 月	0.5	10 125	5.1	50	60	6 075	298.65	59.6	–	留种							
合计	–	–	–	7 620	–	–	–	22 500	–	–		全年合计		71 490	20 880			

8　肥料和饲料

按常规生产 1 kg 食用鱼，需要商品饲料 1.3 kg，青饲料 10 kg，粪肥 5 kg。

8.1　饲料系数

每增重 1 kg 草、杂食性鱼，所需单一饲料的用量见表 11：

表 11　　kg

饲料种类	螺、蚬	配合饲料	菜籽饼	豆饼	大麦	玉米	陆草	水草
青鱼、鲤	45 ~ 55	3						
草鱼、鲂		2.5	3 ~ 3.5	2.5 ~ 3	4 ~ 4.5	5	30 ~ 40	70 ~ 100

注：每增重 1 kg 草、杂食性鱼，附带养鲢、鳙 0.3 ~ 0.5 kg。

8.2　肥料系数

每增重 1 kg 鲢、鳙，需发酵粪肥 40 ~ 50 kg，或含氮、磷比为 1∶1 的化肥 1 kg。

9　饲养管理

9.1　投饲

9.1.1　饲料质量

投喂的商品饲料、青饲料及螺蛳均要求新鲜，未变质。

9.1.2　日投饲量

立春后，2 ~ 3 d 投一次商品饲料每次按池塘草、杂食性鱼类总体重的 1% ~ 2% 投喂。当水温达 18℃ 以上时，每天投喂，投饲量增加到 2% ~ 5%；螺、蚬按青鱼总体重的 10% ~ 40% 投喂；青饲料按草食性鱼类总体重的 10% ~ 50% 投喂。并根据鱼的吃食情况、水质和天气变化情况酌情增减。

9.1.3　投饲时间及方法

a. 时间：每天上午 9—10 时，下午 4—5 时，投喂两次。

b. 每池设 2 ~ 5 个食场。颗粒词料可直接投入食场。粮食、饼粕商品饲料需浸泡 1d 投喂。青草、螺蛳随到随投。

9.2　施肥

9.2.1　基肥

以滤食性鱼类为主的池塘，鱼种放养前每公顷施粪肥 7 500 ~ 11 250 kg。

9.2.2　追肥

上半年以有机肥为主，3 ~ 4 d 施一次，每次每公顷用量 2 250 ~ 3 750 kg，全池泼洒。高温季节施无机磷肥为主，视水质情况可施少量粪水。

9.3　调节水质

当水质不符合5.3条规定时，应及时进行调节。

9.3.1　合理施肥

按表7至表10和9.2.2条规定进行。

9.3.2　加水换水

正常情况下、每个月加水1～4次，每次水位升高10 cm左右；当水质老化变黑时，应及时换水或加水，换水量为原池的1/3～1/2。

9.3.3　机械增氧

高温季节午后开机1～2 h，天气或水质发生突变前及时开机增氧。

9.3.4　化学调节

每月施生石灰1次，每公顷用量225～375 kg，高温季节每月两次。

9.3.5　生物调节

水质易变肥的池塘，以饲养鲢、鳙为主，或增加鲢、鳙和罗非鱼的放养量。
底栖动物较多的池塘，适当增加青鱼和鲤的放养量。
水质较清的池塘，以放养草鱼、鲂为主。
达到商品规格的各种鱼类应及时起捕上市。

9.4　日常管理

9.4.1　巡塘

每天日出前、中午及傍晚各巡塘一次，高温及天气突变时需通宵值班。巡塘的主要任务有：

a. 观察水质变化情况，决定采取的措施；

b. 检查鱼的吃食情况，决定第二天投饲量的增减；

c. 观察鱼的活动情况，有无病态发生；

d. 观察鱼的浮头情况，决定应采取的措施；

e. 及时捞去死鱼和剩余饲料，清除池边杂草。

9.4.2　鱼类重浮头，泛塘前的急救措施

a. 增氧，当午夜12时池水溶解氧低于3 mg/L时，或鱼类开始出现浮头时，即可开动增氧机；

b. 加水，当鱼类浮头出现在夜晚10时，即可加注新水；

c. 减食，出现重浮头的池塘暂停施肥，并暂时减少投饲量或暂停投喂；

d. 在缺水、停电的情况下，施放鱼浮灵（过氧化钙）每公顷30～45 kg。

9.4.3　防逃

加注新水时要用1 mm孔径的密网过滤，预防野杂鱼苗及卵进入池塘，同时防止塘内鱼种顶水逃逸。

9.4.4 防鸟、兽类吞食鱼类和传染鱼病，塘边应设值班管理棚。

10 鱼病防治

贯彻防重于治的原则，发现鱼病及时治疗。

10.1 彻底清塘消毒。

10.2 不放带病鱼种；精心操作，避免受伤。

10.3 放种免疫预防。

10.4 鱼种消毒、塘水消毒、食场消毒、饲料消毒。

10.5 发现病鱼，及时对症治疗。

11 劳力与机械配备

劳力与机械配备见表12：

表12

产最指标/(kg/hm^2)	每公顷配抽水机功率/kW	每公顷配增氧机功率/kW	管理面积/(hm^2/人)
7 500	3		1~1.33
11 250	3	4.5~7.5	0.67~1.0
15 000	4.5~5.25	9~15	0.67~0.8
22 500	5.25~7.5	15~22.5	0.53~0.67

12 建立健全池塘档案

记录历年食用鱼产量设计模式，饲料、肥料用量，鱼病情况及用药效果，天气及水质变化，以及池塘的经济效益等情况。

附加说明：

本标准由农业部水产司提出。

本标准由中国水产科学研究院长江水产研究所归口。

本标准由中国水产科学研究院淡水渔业研究中心负责起草。

本标准主要起草人：王和海、胡玫。

第四部分　附　录

一、常用催产剂

种类	英文缩写	作用部位（靶器官）	效能	每千克雌亲鱼单用剂量	配合对象	来源
鱼脑垂体	PG	性腺	催产优 催熟良 副作用小	4 ~ 6 mg	HCG DOM LRH - A	鲤、鲫或其他鱼脑
绒毛膜促性腺激素	HCG	性腺	催产优 量大有副作用	4 ~ 6 mg 或 800 ~ 1 200 IU	PG DOM LRH - A	怀孕 2 ~ 5 月孕妇尿
促黄体激素释放素类似物	LRH - A	垂体 间接性腺	催产优 催熟优 副作用小	一般 10 ~ 30 μg 个别 100 ~ 300 μg	DOM HCG PIM	有机合成
多巴胺拮抗物	PIM	下丘脑 垂体	催产 诱导催熟好	不单用，配合 LRH - A 时 1 mg	LRH - A	有机合成
地欧酮	DOM	下丘脑 垂体	催产优 催熟良	25 mg	LRH - A HCG PG	有机合成
鲑鱼促性腺释放激素	SGnRH - A	性腺垂体	催产中 催熟中	20 ~ 50 μg	DOM	有机合成
高效鱼用催产合剂 A 型	混合 A	性腺垂体	催产优 催熟良	见产品说明	PG	有机合成

二、白鲢胚胎发育图

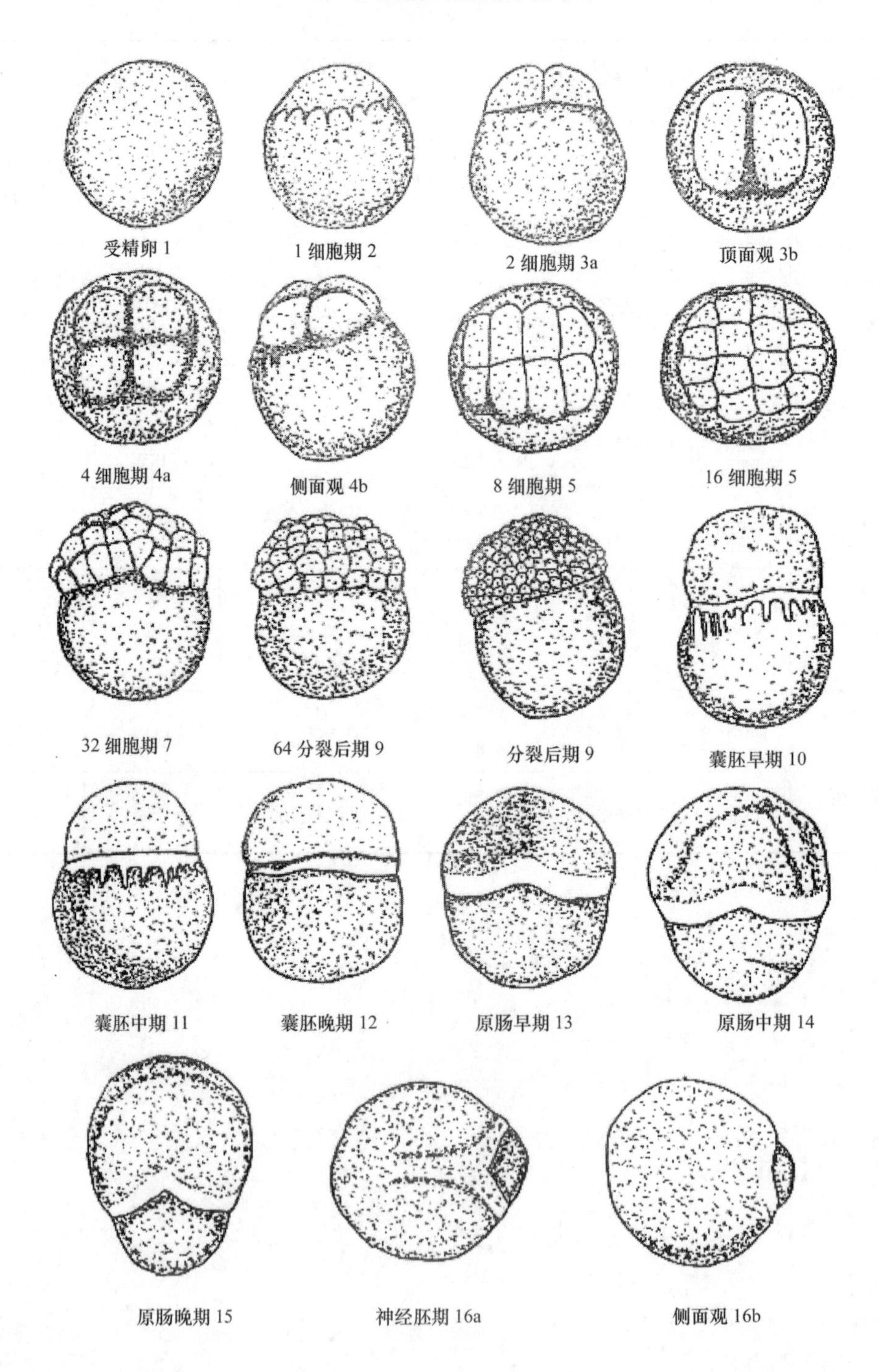
受精卵 1
1 细胞期 2
2 细胞期 3a
顶面观 3b
4 细胞期 4a
侧面观 4b
8 细胞期 5
16 细胞期 5
32 细胞期 7
64 分裂后期 9
分裂后期 9
囊胚早期 10
囊胚中期 11
囊胚晚期 12
原肠早期 13
原肠中期 14
原肠晚期 15
神经胚期 16a
侧面观 16b

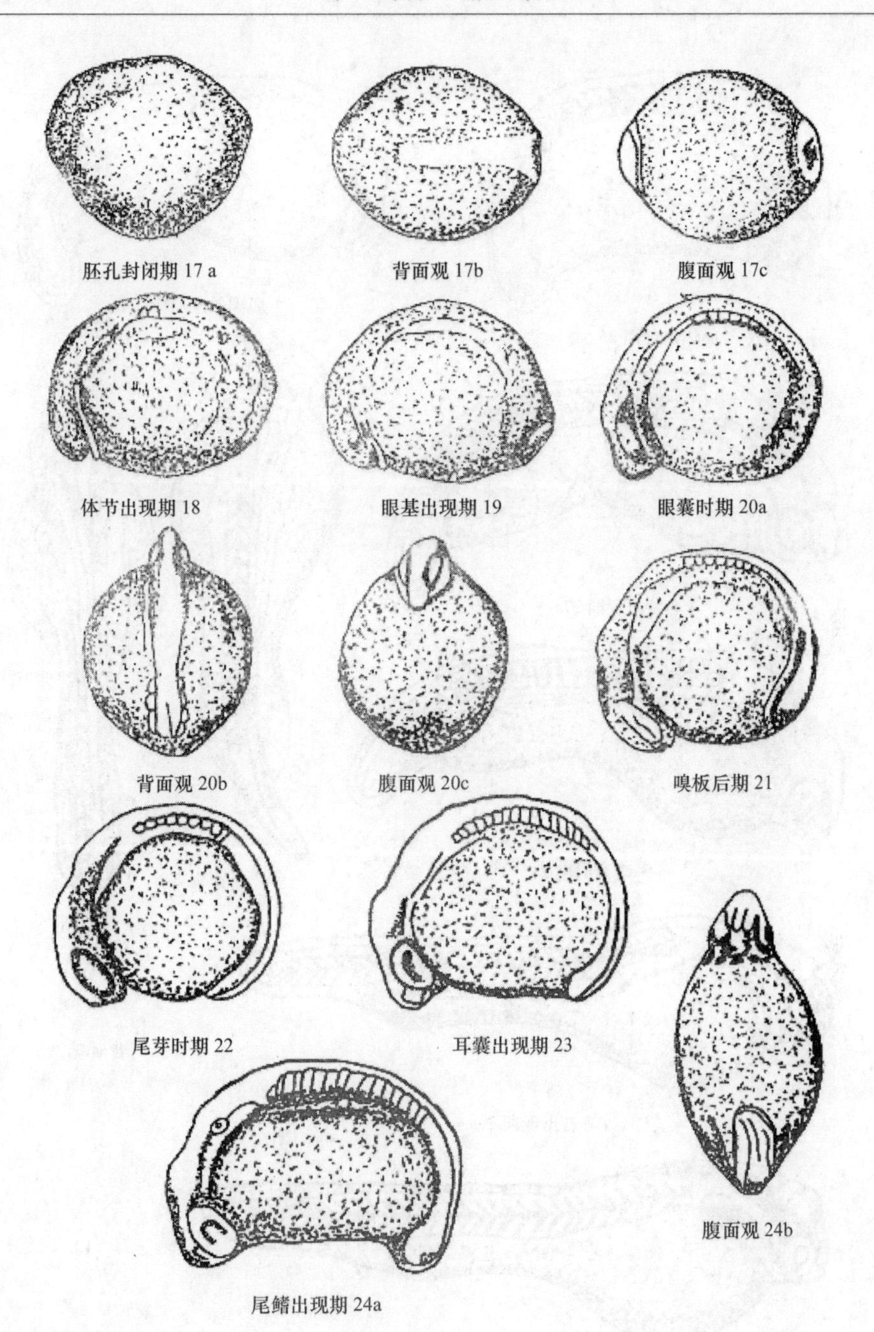

胚孔封闭期 17 a　　背面观 17b　　腹面观 17c

体节出现期 18　　眼基出现期 19　　眼囊时期 20a

背面观 20b　　腹面观 20c　　嗅板后期 21

尾芽时期 22　　耳囊出现期 23

尾鳍出现期 24a　　腹面观 24b

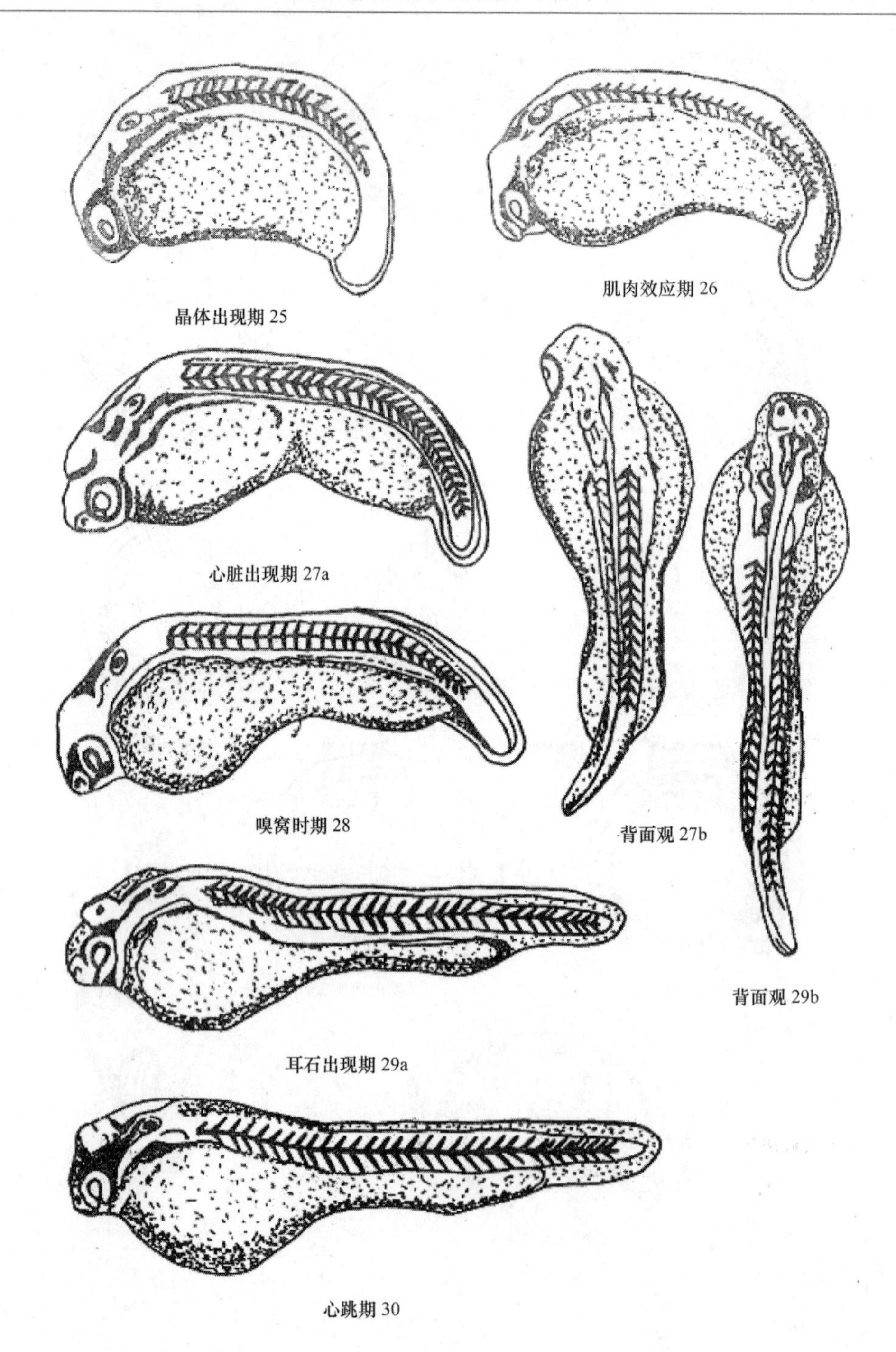

晶体出现期 25

肌肉效应期 26

心脏出现期 27a

背面观 27b

嗅窝时期 28

耳石出现期 29a

背面观 29b

心跳期 30

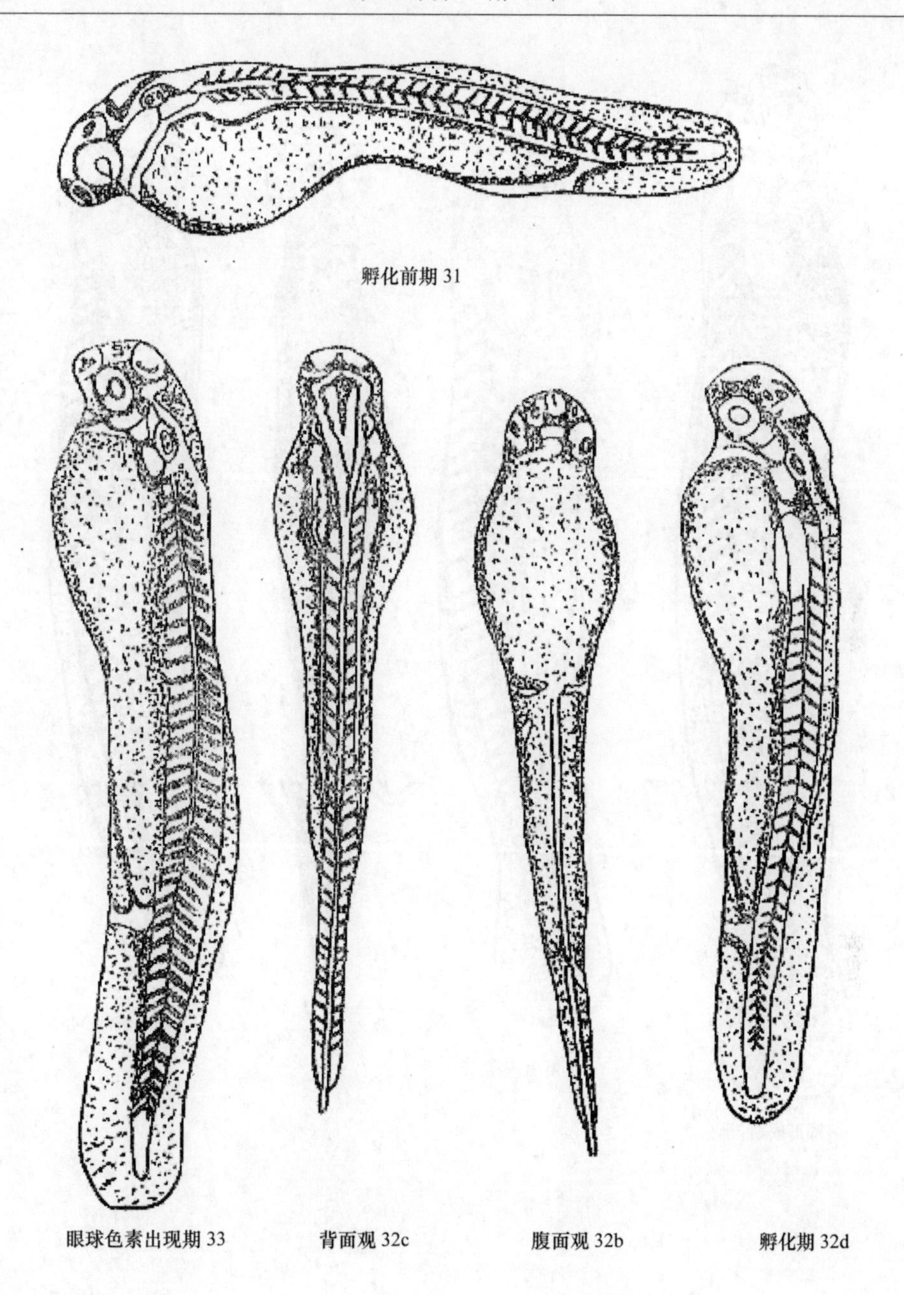

孵化前期 31

眼球色素出现期 33　　背面观 32c　　腹面观 32b　　孵化期 32d

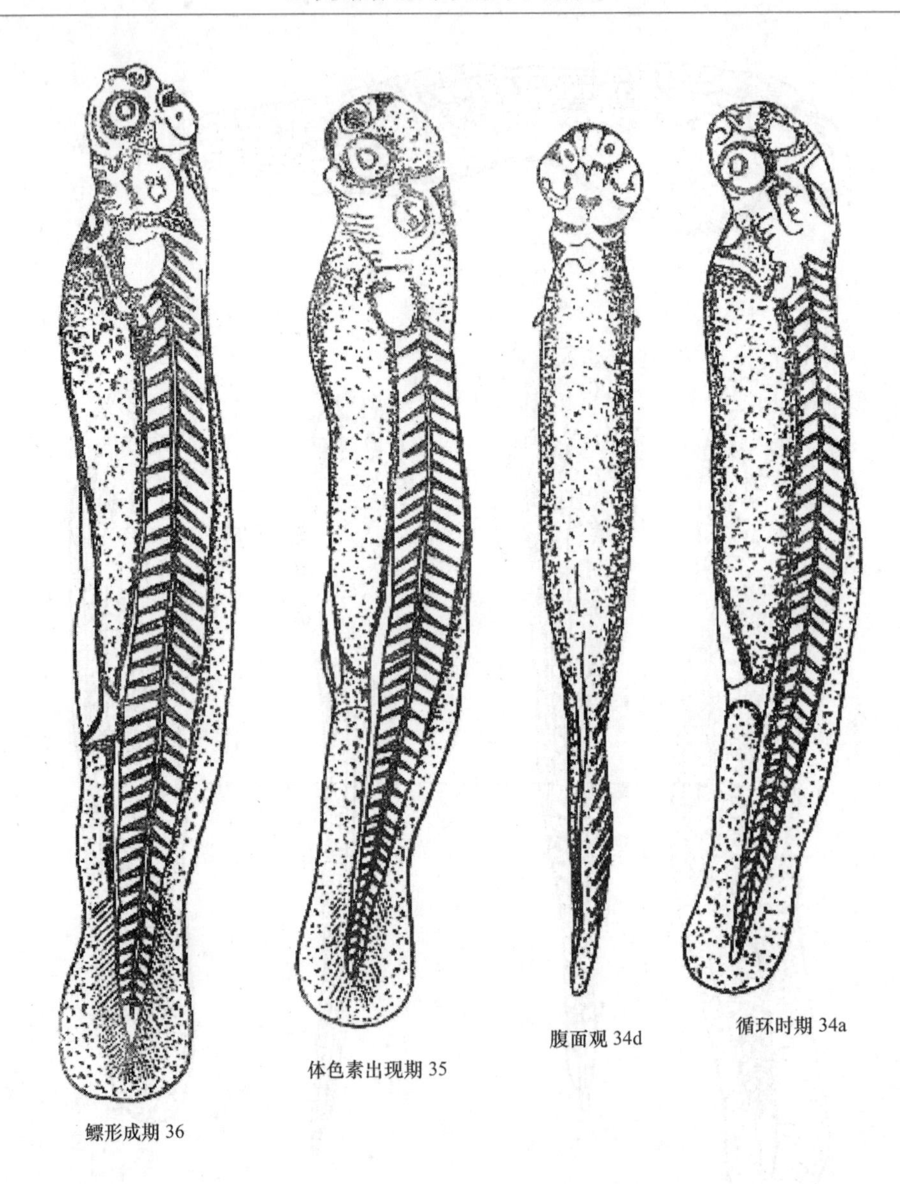
鳔形成期 36
体色素出现期 35
腹面观 34d
循环时期 34a

三、目镜测微尺的使用

目镜测微尺是一块圆形玻片，在玻片的中央刻有 5 mm 长的等分线。测量时，将其放在接目镜的隔板上。因此，目镜测微尺不是直接测量镜台上物体实际长度，而是测量被显微镜放大后的物象。目镜测微尺每个刻度所代表的实物大小随着显微镜的放大倍数而变化，在使用之前，须用台微尺标定。

台微尺是中央部分刻有精确等分线的载玻片，一般为 1 mm 等分 100 格，每格为 10 微米，用它标定目镜测微尺每个刻度的实际大小。

目镜测微尺的标定方法：将目镜测微尺装入接目镜的隔板上，使刻度朝下。把台微尺置于载物台上，使刻度朝上。先用低倍镜观察，对准焦距，看清台微尺的刻度后，转动目镜，使目镜测微尺的刻度与台微尺的刻度平行。移动推动器定位，使两尺重叠，再使两尺的“0”刻度重叠。定位后，仔细向右侧寻找两尺第二个重叠的刻度。计数两个重叠刻度之间目镜测微尺的格数和台微尺的格数。由下列公式可以标出目镜测微尺每格的实际长度：

$$\text{目镜测微尺每格长度（}\mu\text{m）} = \frac{\text{两个重叠刻度间台微尺的格数} \times 10}{\text{两个重叠刻度间目镜测微尺的格数}}$$

用相同方法分别标定在高倍镜和油镜下目镜测微尺每格所量镜台上物体的实际长度。

四、精、卵巢外观上的发育分期

性别		雄（♂）	雌（♀）
性腺发育分期	Ⅰ	性腺呈细线状，灰白色紧贴在鳔下两侧的腹膜上，肉眼不能区分雌雄	同左
	Ⅱ	精巢为细带状，白色半透明血管不明显。肉眼已能分出雌雄	卵巢为肉白色，扁带状，比同体重的雄鱼精巢宽 5 ~ 10 倍，半透明，表面血管明显，撕去卵巢膜显出花瓣状的纹理，肉眼可见卵粒
	Ⅲ	精巢已不是光滑的柱状，宽大出现皱褶，乳白色，挤不出精液	卵巢体积显著扩大，呈青灰色或褐灰色，肉眼可见小卵粒，但不易分离脱落
	Ⅳ	精巢白色，表面较光滑，似柱状，挤压腹部挤不出精液	卵巢体积扩大充满体腔，呈青灰色或灰绿色。鲤鲫呈橙黄色，表面血管粗而清晰，卵粒大而明显，较易分离脱落
	Ⅴ	精巢乳白色，充满精液，轻压腹部有大量较浓精液流出（乳白色）	卵巢处于流动状态，卵粒由不透明转为透明。在卵巢腔内游离，提起鱼后卵粒从泄殖孔流出，大部分卵粒排除体外，卵巢体积显著缩小
	Ⅵ	精巢排精后体积缩小，由乳白色变为粉红色，局部有充血现象	卵巢膜松软表面充血，部分未挤出的卵粒处于退化吸收萎缩状态

五、草、鲢、鳙鱼效应时间与人工授精时间参考表（h）

水温/℃		20～21	22～23	24～25	26～27	28～29
一次注射	效应时间（从注射至发情）	16～18	14～16	12～14	10～12	10左右
	人工授精有效时间	10～20	16～18	14～16	12～14	10～12
二次注射	效应时间（从二次注射至发情）	10～11	9～10	7～8	6～7	5～6
	人工授精有效时间	11～12	10～11	8～10	7～8	6～7

六、几种养殖鱼对溶氧的窒息致死量参考表

种　类	全长/cm	水温/℃	pH值	窒息致死溶氧量/（mg/L）
鲢　鱼	10.0～13.3	23.3	7.2	0.72～0.34
鳙　鱼	16.7～18.3	23.0	7.2	0.79
草　鱼	11.7～13.3	23.0	7.0	0.36
青　鱼	13.3～15.0	23.5	7.1	0.58
鲤　鱼	5.7～7.0	29.0	7.1	0.34～0.30
鲫　鱼	5.7～7.0	29.0	6.9	0.13～0.11
罗非鱼	12.3	20.3	6.8	0.41

七、几种养殖鱼对pH值适应范围参考表

种　类	适应pH值范围	开始致死的pH值				全部致死pH值	
		pH值	死亡率/%	pH值	死亡率/%		
青鱼	4.6～10.2	4.4	7	10.4	20	<4.0	>10.9
草鱼	4.6～10.2	4.4	18	10.4	23	<4.0	>10.9
鲢鱼	4.6～10.2	4.4	20	10.4	54	<4.0	>10.9
鳙鱼	4.6～10.2	4.4	11	10.4	89	<4.0	>10.9
鲤鱼	4.4～10.6	4.4				<4.0	>10.9

八、常用药物的使用方法及防治对象参考表

药　物	使用方法	防治对象
硫酸铜	挂篓法 浸洗法（8 mg/L） 遍洒法（0.7 mg/L）	隐鞭虫病，口丝虫病，半眉虫病，斜管虫病，车轮虫病，舌杯虫病，毛管虫病，复口吸皮病（二次杀椎实螺），血居吸虫病（杀椎实螺）、青泥苔，水网藻，水蛇
硫酸铜，硫酸亚铁合剂（5:2）	挂篓法 遍洒法（0.7 mg/L）	隐鞭虫病，口丝虫病，半眉虫病，斜管虫病，车轮虫病，舌杯虫病，毛管虫病，大中华鳋病，鲢中华鳋病
高锰酸钾	浸洗法（10～20 mg/L）	指环虫病，三代虫病．锚头鳋病，鲺病，鱼波豆虫病
敌百虫（90%）晶体	遍洒法（0.2～0.5 mg/L）	指环虫病，三代虫病，锚头鳋病，鲺病，水蜈蚣，蚌虾
敌百虫（2.5%）粉剂	遍洒法（1～4 mg/L）	指环虫病，三代虫病，鲺病，蚌虾，水蜈蚣
晶体敌百虫＋面碱合剂（1:0.6）	遍洒法（0.1～0.24 mg/L）	三代虫病，指环虫病
敌百虫粉剂＋硫酸亚铁合剂（1.2:0.2）	遍洒法（1.4 mg/L）	中华鳋病
食盐	浸洗法（2%～2.5%，洗5～20 min）	烂鳃病，白头白嘴病，车轮虫病，斜管虫病，鱼波豆虫病
食盐＋小苏打合剂	浸洗法4‰，遍洒法（万分之四）	肤霉病，竖鳞病
漂白粉	挂篓法、浸洗法（5～8 mg/L）、遍洒法（1 mg/L）	白头白嘴病（二次），白皮病，打印病，赤皮病，烂鳃病，疖疮病，竖鳞病，肠炎病（外用），鳃霉病
生石灰	遍洒法（15～25 kg/亩）	白头白嘴病，赤皮病，烂鳃病，打粉病
磺胺胍	口服法（5～2.5 g/50 kg鱼，服6 d）	肠炎病
磺胺噻唑	口服法（5 g/50 kg鱼，服6 d）	竖鳞病，赤皮病，球虫病
磺胺甲基嘧啶	口服法（10 g/50 kg鱼）	弧菌病
磺胺嘧啶	口服法（0.2克/尾，连续5 d）	金鱼竖鳞病
呋喃西林	口服法（1～2 g/50 kg鱼）	赤皮病，烂鳃病，肠炎病，白头白嘴病，竖鳞病
土霉素	浸洗法（25 μg/ml水，洗30 min）	白皮病
金霉素	注射法（5 000单位/kg）	白皮病，亲鱼打印病
青霉素	注射法（5万～10万单位/尾）	亲鱼运输及产后受伤
链霉素	注射法（5万～10万单位/尾）	亲鱼产后受伤
红霉素	遍洒法（0.05～0.07 mg/L） 浸洗法（0.4～1.0 mg/L）	烂鳃病，白头白嘴病，痘疮病
四环素软膏	涂抹	打印病
碘	口服法（24 g/100 kg鱼）	球虫病
大蒜	口服法（1～3 kg/100 kg鱼，6 d）	肠炎病
大黄	遍洒法（2.5～3.7 mg/L氨水浸液）	烂鳃病，白头白嘴病
乌柏叶	遍洒法（2.5～3.7 mg/L氨水浸液）	烂鳃病，白头白嘴病

九、常用清塘药物的使用方法及其功效参考表

药　物	用　量	使用方法	功　效
生石灰	干法清塘：60 ~ 75 kg/亩（水深6 ~ 10 cm）； 带水清塘 125 ~ 150 kg/亩（水深1 m）	让生石灰吸水化开成浆液，不待冷却即向全池泼洒	（1）杀灭野杂鱼、蛙卵、蝌蚪、水生昆虫、螺蛳、蚂蟥、蟹虾、青泥苔、致病寄生虫和其他病原体；（2）澄清池水；（3）释放出被淤泥吸附的氮、磷、钾等；（4）疏松淤泥的通气条件；（5）稳定 pH 呈微碱性；（6）增加钙肥
茶　粕	40 ~ 50 kg/亩（水深1 m）	捣碎放在缸中加水浸泡约一昼夜，连渣一起泼洒池中	杀死野杂鱼、蛙卵、蝌蚪、螺蛳、蚂蟥、部分水生昆虫，但对细菌无杀灭作用，而且有利于鱼类不消化的藻类生长
漂白粉	干法清塘：5 ~ 10 kg/亩（水深6 ~ 10 cm） 带水清塘：13.5 kg/亩（1m）	将漂白粉加水溶解，立即泼洒，搅动池水使其分布均匀	（1）效果与生石灰大致相同；（2）用量少，药效消失快；（3）消毒效果与池塘肥瘦有关，水愈肥效果愈差；（4）不能改良土壤
生石灰 + 漂白粉混合	漂白粉 6.5 kg + 生石灰 65 ~ 80 kg/亩（水深1 m）	加水全池泼洒	比单独使用两种药物中任何一种为好，用药后 10 ~ 12 d 即可放鱼。

十、鱼药配制百万分浓度（mg/L）药量对照表（单位：g/亩）

平均水深/m	浓度/（mg/L）							
	0.1	0.2	0.5	0.7	1.0	1.5	2.0	2.5
0.50	33	67	167	233	334	500	667	834
0.55	37	73	183	257	337	550	734	917
0.60	40	80	200	280	400	600	800	1 000
0.65	43	87	217	303	434	650	867	1 083
0.70	47	93	233	326	467	700	934	1 167
0.75	50	100	250	350	500	750	1 000	1 250
0.80	53	107	267	374	534	800	1 067	1 334
0.85	57	113	283	397	567	850	1 134	1 417
0.90	60	120	300	420	600	900	1 230	1 500
0.95	63	127	317	443	634	950	1 267	1 584
1.00	67	133	333	467	667	1 000	1 334	1 667
1.10	73	147	367	514	734	1 100	1 467	1 834
1.20	80	160	400	560	800	1 200	1 600	2 000
1.30	87	174	434	607	867	1 300	1 734	2 168
1.40	93	187	467	654	934	1 400	1 868	2 335

续表

平均水深/m	浓度/（mg/L）							
	0.1	0.2	0.5	0.7	1.0	1.5	2.0	2.5
1.50	100	200	500	700	1 000	1 500	2 000	2 500
1.60	107	214	534	747	1 067	1 600	2 134	2 668
1.70	113	227	567	793	1 134	1 700	2 268	2 835
1.80	120	240	600	840	1 200	1 800	2 400	3 000
1.90	127	253	634	887	1 268	1 900	2 535	3 165
2.00	133	267	667	934	1 334	2 000	2 668	3 335

十一、鱼类胚胎发生分期表（水温 20～24℃）

白鲢的分期和特征				其他鱼类发育的分期			
分期		外部特征	时间	金鱼 Battle	斑马鱼 Hisaoka	金鱼 李璞等	草鱼 刘建康
1	受精卵	圆球形，卵质均匀分布	0		1	2	1
2	1细胞期	原生质集中在卵球一级，形成隆起的胚盘	30 min	1	2	2	2
3	2 细胞期	胚盘经裂为两个大小相等的细胞	60 min	2	3	3	3
4	4 细胞期	分裂球再次经裂，分裂沟与第一次相垂直，4 细胞大小相等	1h10min	3	4	4	4
5	8 细胞期	有两个经裂面与第二次分裂面平行，8 个细胞排成两排，中间 4 个细胞大，两侧 4 个细胞小	1 h 20 min		5	5	5
6	16 细胞期	两个经裂面与第二次分裂面平行，16 个细胞，中央 4 个细胞大，外围 12 个细胞小	1 h 30 min		6	6	6
7	32 细胞期	有四个经裂面与第三次分裂面平行，32 个细胞成 4 行排列在同一平面	1 h 40 min		7	7	
8	64 细胞期	仍为分裂，但各分裂球分裂的速度不甚一致，大小不十分整齐	1 h 57 min	4	8	8	
9	囊胚早期	分裂球很小，细胞界限不清楚；由很多分裂球组成的囊胚层高举在卵黄上	2 h 27 min		9	9	7a
10	囊胚中期	囊胚层较囊胚早期为低，看不出细胞界限；解剖观察可见到囊胚腔	3 h		10	10	7b

续表

白鲢的分期和特征				其他鱼类发育的分期			
分期		外部特征	时间	金鱼 Battle	斑马鱼 Hisaoka	金鱼 李璞等	草鱼 刘建康
11	囊胚晚期	囊胚表面细胞向卵黄部分包下，约占整个胚胎的1/3，囊胚层变扁	5 h 30 min	5	11 和 12	11	
12	原肠早期	胚盘下包1/2，胚环出现，背唇呈新月状	6 h 30 min		13 和 14	12	7c
13	原肠中期	下包2/3，胚盾出现	7 h 30 min	6	15	13	
14	厚肠晚期	下包3/4，侧面观胚胎背面较隆起	9 h 15 min		16		8a
15	神经胚期	下包4/5，神经板形成，胚胎转为侧卧	10 h			14	
16	胚孔封闭期	胚孔关闭，神经板中线略下凹，脊索呈柱状	11 h 35 min	7	17	15	8b
17	体节出现期	在胚胎中部出现两对体节，神经板头嘲隆起	12 h 35 min			15	
18	眼基出现期	在前脑两侧，有一对肾形的突起，即眼的原基，体节4～5对	13 h 35 min			16	
19	眼囊期	眼囊长椭圆形，体节7～8对；脑可分出原始的前、中，后三部分	15 h	9	18	17	
20	嗅板期	在眼前方腹面，有一块暗色的圆块，即嗅板，体节9对	12 h 25 min				
21	尾芽期	胚体后端腹面有一圆锥状的尾芽；眼囊变圆，体节10对；胚胎全长1.7 mm	16 h 05 min		19	18	8c
22	耳囊期	耳囊呈小泡状，出现在后脑两铡；眼囊开始内陷成眼杯，体节15～16对	16 h 35 min	11	20		
23	尾鳍出现期	在层的边缘，表皮外突成皮褶状的鳍，眼杯扩大	17 h 35 min				
24	晶体出现期	在眼杯口出现圆形的晶体；耳囊下方有长椭圆形隆起，是鳃板尾与体长轴成锐角。体节24～26对	19 h 05 min	12		20	
25	肌肉效应期	胚胎开始有微微的肌肉收缩；第四脑室出现；晶体很清楚	19 h 35 min			21	
26	心脏出现期	在脊索前，卵黄囊前上方，有一串细胞，即心脏原基；背鳍出现，脑腔增大，体节26～26对，尾与体长轴成钝角	20 h 35 min				9

续表

白鲢的分期和特征				其他鱼类发育的分期			
分期		外部特征	时间	金鱼 Battle	斑马鱼 Hisaoka	金鱼 李璞等	草鱼 刘建康
27	鼻窝期	眼的前下方有一对浅窝，即鼻窝；在眼球上可以看到一个裂缝，即脉络隙；此时胚胎侧卧，作有节奏的摆动；脑分五部分	21 h 35 min	14			
28	耳石期	在耳囊中出现一对发亮的小颗粒，乃钙质的耳石；胚胎的中脑背部膨大成视叶；胚体背腹立定，作左右摆动；尾与体长轴成一直线，体节 35 ~ 36	23 h 15 min		21	22 和 24	
29	心跳期	在卵黄囊头端脊索前下方，可以看到管状的心脏开始搏动，起初博动微弱，继而变为有力	25 h 15 min		21	23	
30	出膜前期	尾略向背方举起，胚胎在卵膜内转动；泄殖孔出现，体节 38 ~ 39 对	28 h 15 min				
31	出膜期	胚胎破卵膜而出，中脑和后脑膨大；全身无色素；心脏为长管状；鳃板 3 块；头仍弯向腹面，体节 40 ~ 42 对	31 h 35 min	17	25	30	10
32	眼球色素出现期	眼球腹面内侧出现一对黑色斑点；侧线伸展到 25 对体节处；胸鳍略向两侧隆起	39 h 35 min		22	23	11
33	循环期	口开启；心脏弯曲，血流清晰可见；鳃板 5 块；胸鳍如扁铲状伸向后侧方，心脏和总主静脉中充满血球；血液淡红色	64 h 35 min		21	25	12
34	体色素出现期	泄殖孔后体节下方出现少许色素细胞；肝脏出现；下颌可动；鳃丝出现，血深红色，仔鱼以腹部贴于水底，不再侧卧，游动能力增强	72 h 35 min	16	23	27 和 35	13
35	鳔形成期	眼球色素增多而使眼变黑；在胸鳍之后。可见一囊状的鳔，胸鳍如扇状，伸向身体两侧，仔鱼已能平衡游动，体节 46 ~ 48 对	96 h 35 min			32	14
36	肠管建成期	身体血素增多，鳃盖形成，肠管直而细长鳔膨大如气球，胸鳍活动，仔鱼有 4 对半外鳃，视力敏锐，运动能力很强，可作长时期游泳，并主动摄食，不再停于水底	125 h 35 min	18		34	15

十二、附生产记录表格10张

表1 ______________ 渔场___________ 年亲鱼培育情况统计表

池号			1	2	3	4	5	6	7	8	9	10
面积/亩												
水深/m												
清塘	药物	种类										
		用量										
	日期											
放养	日期											
	种类											
	尾数	雌										
		雄										
	总尾数											
	总重/kg											
施肥	基肥	种类										
		数量										
	追肥	种类										
		数量										
投饵	种类											
	数量											
	方法											
催情	日期											
	雌鱼尾数											
	雄鱼尾数											
	成熟度%											
备注												

表2 催产剂配制表 年 月 日

注射次数	预计催产亲鱼								催产剂				浓度	注射量/(mg/kg)		备注
	雌				雄											
	尾数	总重/kg	量大重/kg	最小重/kg	尾数	总重/kg	量大重/kg	最小重/kg	种类	单位剂量	总用量	总体积/mL		雌	雄	
1																
2																
3																

表3 催情记录表 年 月 日

编号	种类	性别	体重/kg	注射部位	注射						放入产卵池号	备注
					第一次		第二次		第三次			
					时间/(时/分)	数量/mL	时间/(时/分)	数量/mL	时间/(时/分)	数量/mL		
1												
2												
3												
4												
5												
6												
7												
8												
9												
10												
11												
12												

表4 ________渔场________年家鱼人工繁殖情况统计表

批次			1	2	3	4	5	6	7	8
亲鱼	雌	尾数								
		总重/kg								
	雄	尾数								
		总重/kg								
催情注射	日期									
	水温/℃									
	第一针	药物								
		剂量								
	第二针	药物								
		剂量								
	第三针	药物								
		剂量								
产卵	发情时间									
	产卵时间									
	催产率/%									
	产卵量									
	相对产卵量/（万粒/kg）									
受精率/%										
孵化率/%										
出苗率/%										
畸形鱼苗率/%										
备注										

表5 家鱼人工繁殖效果统计表

第　　批　　　　　　　　　　　　　　　　年　　月　　日至　　日

亲鱼情况

种类	雌						雄						备注
	尾数	重量	量大重/kg	最小重/kg	平均重/kg	成熟率/%	尾数	重量	量大重/kg	最小重/kg	平均重/kg	成熟率/%	

催情产卵情况

药物种类	注射次数	最后注射时间（日、时）	注射剂量单位（　/kg）	效应时间		产卵率/%	产卵总量/万粒	每尾产卵量/万粒	相对产卵量/万粒	鱼卵质量	备注
				发情/h	产卵/h						

孵化情况

孵化工具	鱼卵总数/万粒	放卵		受精率检查		孵化率检查		下塘			备注
		时间（日、时、分）	密度（万粒/L）	时间（日、时、分）	受精率/%	时间（日、时、分）	孵化率/%	时间（日、时、分）	数量/万尾	出苗率/%	
结果分析											

表 6　孵化情况记录表　　　　年　　月

孵化工具编号	容积 L	放卵				破膜时间				腰点出现时间（日/时）	下塘				备注
		时间（日/时）	水温/℃	数量/万粒	密度/（万粒/L）	开始（日/时）	水温/℃	终止（日/时）	水温/℃		时间（日/时）	水温/℃	数量/万粒	下塘率/%	

表7 池塘的准备情况记录表 年 月 日

池号	面积/亩	清塘				注水		施基肥			备注
		日期 月/日	方法	药物	用量/（kg/亩）	日期 月/日	深度/cm	日期 月/日	种类	用量/（kg/亩）	

表8 ______渔场______年鱼种放养情况统计表

池号			1	2	3	4	5	6	7	8	9	10
面积/亩												
水深/m												
放养日期												
总尾数												
总重量/kg												
密度	尾/亩											
	kg/亩											
鱼	规格											
	密度	尾/亩										
		kg/亩										
	占总尾数/%											
鱼	规格											
	密度	尾/亩										
		kg/亩										
	占总尾数/%											
鱼	规格											
	密度	尾/亩										
		kg/亩										
	占总尾数/%											
鱼	规格											
	密度	尾/亩										
		kg/亩										
	占总尾数/%											
备注												

表9 ________渔场________年鱼苗、鱼种培育情况统计表

<table>
<tr><td colspan="3">池号</td><td>1</td><td>2</td><td>3</td><td>4</td><td>5</td><td>6</td><td>7</td><td>8</td><td>9</td><td>10</td></tr>
<tr><td colspan="3">面积/亩</td><td></td><td></td><td></td><td></td><td></td><td></td><td></td><td></td><td></td><td></td></tr>
<tr><td colspan="3">水深/m</td><td></td><td></td><td></td><td></td><td></td><td></td><td></td><td></td><td></td><td></td></tr>
<tr><td rowspan="3">清塘</td><td rowspan="2">药物</td><td>种类</td><td></td><td></td><td></td><td></td><td></td><td></td><td></td><td></td><td></td><td></td></tr>
<tr><td>用量</td><td></td><td></td><td></td><td></td><td></td><td></td><td></td><td></td><td></td><td></td></tr>
<tr><td colspan="2">日期</td><td></td><td></td><td></td><td></td><td></td><td></td><td></td><td></td><td></td><td></td></tr>
<tr><td rowspan="6">放养</td><td colspan="2">日期</td><td></td><td></td><td></td><td></td><td></td><td></td><td></td><td></td><td></td><td></td></tr>
<tr><td colspan="2">种类</td><td></td><td></td><td></td><td></td><td></td><td></td><td></td><td></td><td></td><td></td></tr>
<tr><td rowspan="2">规格</td><td>全长/cm</td><td></td><td></td><td></td><td></td><td></td><td></td><td></td><td></td><td></td><td></td></tr>
<tr><td>体重/g</td><td></td><td></td><td></td><td></td><td></td><td></td><td></td><td></td><td></td><td></td></tr>
<tr><td colspan="2">总尾数</td><td></td><td></td><td></td><td></td><td></td><td></td><td></td><td></td><td></td><td></td></tr>
<tr><td colspan="2">尾/亩</td><td></td><td></td><td></td><td></td><td></td><td></td><td></td><td></td><td></td><td></td></tr>
<tr><td rowspan="4">施肥</td><td rowspan="2">基肥</td><td>种类</td><td></td><td></td><td></td><td></td><td></td><td></td><td></td><td></td><td></td><td></td></tr>
<tr><td>数量</td><td></td><td></td><td></td><td></td><td></td><td></td><td></td><td></td><td></td><td></td></tr>
<tr><td rowspan="2">追肥</td><td>种类</td><td></td><td></td><td></td><td></td><td></td><td></td><td></td><td></td><td></td><td></td></tr>
<tr><td>数量</td><td></td><td></td><td></td><td></td><td></td><td></td><td></td><td></td><td></td><td></td></tr>
<tr><td rowspan="3">投饵</td><td colspan="2">种类</td><td></td><td></td><td></td><td></td><td></td><td></td><td></td><td></td><td></td><td></td></tr>
<tr><td colspan="2">数量</td><td></td><td></td><td></td><td></td><td></td><td></td><td></td><td></td><td></td><td></td></tr>
<tr><td colspan="2">方法</td><td></td><td></td><td></td><td></td><td></td><td></td><td></td><td></td><td></td><td></td></tr>
<tr><td rowspan="4">出塘</td><td colspan="2">全长/cm</td><td></td><td></td><td></td><td></td><td></td><td></td><td></td><td></td><td></td><td></td></tr>
<tr><td colspan="2">体重/g</td><td></td><td></td><td></td><td></td><td></td><td></td><td></td><td></td><td></td><td></td></tr>
<tr><td colspan="2">总尾数</td><td></td><td></td><td></td><td></td><td></td><td></td><td></td><td></td><td></td><td></td></tr>
<tr><td colspan="2">成活率/%</td><td></td><td></td><td></td><td></td><td></td><td></td><td></td><td></td><td></td><td></td></tr>
<tr><td colspan="3">备注</td><td></td><td></td><td></td><td></td><td></td><td></td><td></td><td></td><td></td><td></td></tr>
</table>

表 10　日常管理情况记录表

池号	月/日	时/分	施肥		投饵		注水		鱼病防治	备注
			种类	数量	种类	数量	时间/min	深度/cm